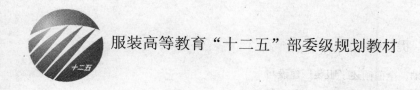

服装高等教育"十二五"部委级规划教材

服装厂与生产线设计

王雪筠　主编

U0280159

中国纺织出版社

内 容 提 要

本书以现代服装工业为基础，全面阐述了服装厂建设与服装生产线设计的基本原理与方法。内容主要包括服装厂设计的特点与基本建设的程序与内容、工厂厂址的选择与总平面布置、产品方案设计、工艺流程与工序分析、服装生产线的设备配置、服装生产线的组织、厂房形式与车间布置、服装厂公用系统等内容。全书图文并茂，资料翔实，具有较高的参考价值。

本书可作为服装类高等院校及相关的高等职业技术院校服装专业教材，也可供服装企业的工程技术人员、从事服装工程及规划设计工作的相关人员阅读参考或培训使用。

图书在版编目（CIP）数据

服装厂与生产线设计／王雪筠主编. --北京：中国纺织出版社，2014.1

服装高等教育"十二五"部委级规划教材

ISBN 978-7-5180-0061-6

Ⅰ.①服… Ⅱ.①王… Ⅲ.①服装厂—设计—高等学校—教材②服装—流水生产线—设计—高等学校—教材 Ⅳ.①TS941

中国版本图书馆CIP数据核字（2013）第232640号

策划编辑：李春奕　责任编辑：杨 勇　责任校对：梁 颖
责任设计：何 建　责任印制：何 艳

中国纺织出版社出版发行
地址：北京市朝阳区百子湾东里A407号楼　邮政编码：100124
邮购电话：010—67004461　传真：010—87155801
http://www.c-textilep.com
E-mail：faxing@c-textilep.com
三河市华丰印刷厂印刷　各地新华书店经销
2014年1月第1版第1次印刷
开本：787×1092　1/16　印张：9.25
字数：122千字　定价：32.00元

出版者的话

《国家中长期教育改革和发展规划纲要》中提出"全面提高高等教育质量"，"提高人才培养质量"。教高[2007]1号文件"关于实施高等学校本科教学质量与教学改革工程的意见"中，明确了"继续推进国家精品课程建设"，"积极推进网络教育资源开发和共享平台建设，建设面向全国高校的精品课程和立体化教材的数字化资源中心"，对高等教育教材的质量和立体化模式都提出了更高、更具体的要求。

"着力培养信念执着、品德优良、知识丰富、本领过硬的高素质专业人才和拔尖创新人才"，已成为当今院校教育的主题。教材建设作为教学的重要组成部分，如何适应新形势下我国教学改革要求，配合教育部"卓越工程师教育培养计划"的实施，满足应用型人才培养的需要，在人才培养中发挥作用，成为院校和出版人共同努力的目标。中国纺织服装教育协会协同中国纺织出版社，认真组织制订"十二五"部委级教材规划，组织专家对各院校上报的"十二五"规划教材选题进行认真评选，力求使教材出版与教学改革和课程建设发展相适应，充分体现教材的适用性、科学性、系统性和新颖性，使教材内容具有以下三个特点：

（1）围绕一个核心——育人目标。根据教育规律和课程设置特点，从提高学生分析问题、解决问题的能力入手，教材增加相关学科的最新研究理论、研究热点或历史背景，章后附形式多样的思考题等，提高教材的可读性，增加学生学习兴趣和自学能力，提升学生科技素养和人文素养。

（2）突出一个环节——实践环节。教材出版突出应用性学科的特点，注重理论与生产实践的结合，有针对性地设置教材内容，增加实践、实验内容，并通过多媒体等形式，直观反映生产实践的最新成果。

（3）实现一个立体——开发立体化教材体系。充分利用现代教育技术手段，构建数字教育资源平台，开发教学课件、音像制品、素材库、试题库等多种立体化的配套教材，以直观的形式和丰富的表达充分展现教学内容。

教材出版是教育发展中的重要组成部分，为出版高质量的教材，出版社严格甄选作者，组织专家评审，并对出版全过程进行跟踪，及时了解教材编写进度、编写质量，力求做到作者权威、编辑专业、审读严格、精品出版。我们愿与院校一起，共同探讨、完善教材出版，不断推出精品教材，以适应我国高等教育的发展要求。

中国纺织出版社
教材出版中心

前言

目前，中国纺织服装工业的总规模、总产量、总出口都已居世界前列，其中棉纺、毛纺、丝绸、化纤服装等产量均居世界之首。产业综合能力不断增强，基本形成了上、中、下游相衔接，门类齐全，行业配套，多种纺织原料基本满足的较为完整的产业体系。中国服装业成为中国较大的产业之一，需要大量的服装专业人才作为技术支持。

本书能够帮助正在从事以及即将从事服装工业的人员更好地了解和掌握服装厂规划和生产线设计方面的知识，尤其是产品方案设计、工艺流程与工序分析、服装生产线的设备配置、服装生产线的组织等内容。其中，服装生产线的设备配置部分介绍了目前世界的先进设备配置与主流设备配置，可供服装厂不同预算选择。整本书在实例的基础上，深入浅出地阐述了服装厂建设的基本原理与方法，适合服装院校教学与从业人员自学。

本书由重庆师范大学王雪筠教师编写。在编写过程中，得到许多服装生产企业和服装设备制造企业的大力支持和帮助，在此表示衷心感谢。由于编者的水平有限，书中难免有疏漏和不足之处，热忱欢迎广大读者与专家批评指正。

王雪筠

2013年3月

教学内容及课时安排

章/课时	课程性质/课时	节	课程内容
第一章 （2课时）	第一部分 工厂设计基础 （6课时）		· 绪论
		一	服装生产工业化概况
		二	中国服装工业发展
		三	服装厂的分类与特点
		四	基本建设程序和内容
第二章 （4课时）			· 服装厂址选择与总平面布置
		一	服装厂址选择的基本原则与主要条件
		二	服装厂区总平面布置的原则与内容
		三	服装厂总平面布置实例分析
		四	服装厂区平面布置绘制实例
第三章 （2课时）	第二部分 生产线设计 （20课时）		· 服装产品方案设计
		一	服装产品方案的编制
		二	产品方案实例分析
第四章 （6课时）			· 服装厂的设备配置
		一	服装厂主要生产设备
		二	服装厂的流水线设备配置
第五章 （4课时）			· 工艺流程与工序分析
		一	工艺流程
		二	工序分析
第六章 （4课时）			· 服装生产线的组织
		一	服装流水线生产的原理
		二	生产线平衡计算与实例分析
		三	流水线的优化
		四	单件流简介
第七章 （4课时）			· 服装厂房形式与车间布置
		一	服装厂房形式
		二	车间布置设计
		三	车间的平面布置
		四	车间平面布置实例
第八章 （2课时）	第三部分 工厂公用工程 （2课时）		· 服装厂公用工程
		一	供配电
		二	照明
		三	给水与排水
		四	锅炉与蒸汽管道

注　各院校可根据自身的教学特点和教学计划对课程时数进行调整。

目录

第一部分　工厂设计基础

第一章　绪论 ……………………………………………………… 001
第一节　服装生产工业化概况 …………………………………… 002
一、服装机械化发展 ……………………………………… 002
二、服装生产方式发展 …………………………………… 003
第二节　中国服装工业发展 ……………………………………… 003
一、改革开放前中国服装工业发展 ……………………… 004
二、改革开放至2000年中国服装工业发展 ……………… 004
三、2000年至今中国服装工业发展 ……………………… 004
第三节　服装厂的分类与特点 …………………………………… 005
一、服装厂分类 …………………………………………… 005
二、服装厂特点 …………………………………………… 005
第四节　基本建设程序和内容 …………………………………… 006

第二章　服装厂址选择与总平面布置 …………………………… 009
第一节　服装厂址选择的基本原则与主要条件 ………………… 010
一、服装厂址选择的基本原则 …………………………… 010
二、服装厂址选择的主要条件 …………………………… 010
三、选址案例分析 ………………………………………… 012
四、厂址方案选择方法 …………………………………… 015
五、厂址选择的程序 ……………………………………… 021
第二节　服装厂区总平面布置的原则与内容 …………………… 023
一、服装厂区总平面布置的原则 ………………………… 023
二、服装厂区布置原则应用实例 ………………………… 026
三、服装厂总平面布置的内容 …………………………… 029
第三节　服装厂总平面布置实例分析 …………………………… 029
一、小型服装厂总平面布置实例分析 …………………… 029
二、中型服装厂总平面布置实例分析 …………………… 030

三、大型服装厂总平面布置实例分析 ·············· 030
第四节 服装厂区平面布置绘制实例 ·············· 033
一、某服装厂的平面布置图要求 ·············· 033
二、服装厂区平面布置图一 ·············· 033
三、服装厂区平面布置图二 ·············· 033

第二部分 生产线设计

第三章 服装产品方案设计 ·············· 037
第一节 服装产品方案的编制 ·············· 038
一、产品方案定义 ·············· 038
二、服装产品方案编制的依据 ·············· 038
三、计算产品的选择 ·············· 039
四、产品标准 ·············· 039
五、产品工艺技术 ·············· 041
第二节 产品方案实例分析 ·············· 045
一、产品方案选择 ·············· 045
二、计算产品的选择 ·············· 045
三、产品技术标准 ·············· 046
四、生产工艺单 ·············· 047

第四章 服装厂的设备配置 ·············· 049
第一节 服装厂主要生产设备 ·············· 050
一、服装厂生产设备选择原则 ·············· 050
二、主要生产设备分类 ·············· 050
第二节 服装厂的流水线设备配置 ·············· 070
一、女装厂生产线主要设备配置 ·············· 070
二、男装厂生产线主要设备配置 ·············· 071
三、针织服装厂生产线主要设备配置 ·············· 076
四、羽绒服厂生产线主要设备配置 ·············· 077
五、牛仔服厂生产线主要设备配置 ·············· 079

第五章 工艺流程与工序分析 ·············· 081
第一节 工艺流程 ·············· 082
一、工艺流程设计原则 ·············· 082
二、服装厂工艺流程设计内容 ·············· 083

三、服装厂工艺流程图 ⋯⋯⋯⋯⋯⋯⋯⋯⋯⋯⋯⋯⋯ 083
第二节 工序分析 ⋯⋯⋯⋯⋯⋯⋯⋯⋯⋯⋯⋯⋯⋯⋯⋯ 085
　　一、工序分析的目的 ⋯⋯⋯⋯⋯⋯⋯⋯⋯⋯⋯⋯⋯ 085
　　二、工序分类 ⋯⋯⋯⋯⋯⋯⋯⋯⋯⋯⋯⋯⋯⋯⋯⋯ 085
　　三、工序流程图 ⋯⋯⋯⋯⋯⋯⋯⋯⋯⋯⋯⋯⋯⋯⋯ 086
　　四、工序流程图绘制实例 ⋯⋯⋯⋯⋯⋯⋯⋯⋯⋯⋯ 088

第六章　服装生产线的组织 ⋯⋯⋯⋯⋯⋯⋯⋯⋯⋯⋯ 099
第一节 服装流水线生产的原理 ⋯⋯⋯⋯⋯⋯⋯⋯⋯⋯ 100
　　一、流水生产法概念 ⋯⋯⋯⋯⋯⋯⋯⋯⋯⋯⋯⋯⋯ 100
　　二、大规模流水生产的特点 ⋯⋯⋯⋯⋯⋯⋯⋯⋯⋯ 100
　　三、组织流水生产线必须具备的条件 ⋯⋯⋯⋯⋯ 100
　　四、流水生产线的分类 ⋯⋯⋯⋯⋯⋯⋯⋯⋯⋯⋯⋯ 101
第二节 生产线平衡计算与实例分析 ⋯⋯⋯⋯⋯⋯⋯⋯ 101
　　一、缝纫生产流水线基本概念 ⋯⋯⋯⋯⋯⋯⋯⋯⋯ 102
　　二、生产流水线编制的前提条件 ⋯⋯⋯⋯⋯⋯⋯⋯ 102
　　三、生产流水线平衡设计的方法 ⋯⋯⋯⋯⋯⋯⋯⋯ 103
　　四、衬衣领流水线编制实例 ⋯⋯⋯⋯⋯⋯⋯⋯⋯⋯ 103
　　五、紧身直筒裙流水线编制实例 ⋯⋯⋯⋯⋯⋯⋯⋯ 106
第三节 流水线的优化 ⋯⋯⋯⋯⋯⋯⋯⋯⋯⋯⋯⋯⋯⋯ 107
　　一、优化操作动作 ⋯⋯⋯⋯⋯⋯⋯⋯⋯⋯⋯⋯⋯⋯ 107
　　二、生产设备的改良 ⋯⋯⋯⋯⋯⋯⋯⋯⋯⋯⋯⋯⋯ 109
第四节 单件流简介 ⋯⋯⋯⋯⋯⋯⋯⋯⋯⋯⋯⋯⋯⋯⋯ 110
　　一、单件流的特点 ⋯⋯⋯⋯⋯⋯⋯⋯⋯⋯⋯⋯⋯⋯ 110
　　二、JUKI（重机）的快速反应缝纫系统 ⋯⋯⋯⋯⋯ 110

第七章　服装厂房形式与车间布置 ⋯⋯⋯⋯⋯⋯⋯ 113
第一节 服装厂房形式 ⋯⋯⋯⋯⋯⋯⋯⋯⋯⋯⋯⋯⋯⋯ 114
　　服装厂房的特点 ⋯⋯⋯⋯⋯⋯⋯⋯⋯⋯⋯⋯⋯⋯⋯ 114
第二节 车间布置设计 ⋯⋯⋯⋯⋯⋯⋯⋯⋯⋯⋯⋯⋯⋯ 115
　　一、布置原则 ⋯⋯⋯⋯⋯⋯⋯⋯⋯⋯⋯⋯⋯⋯⋯⋯ 116
　　二、中型服装厂车间实例 ⋯⋯⋯⋯⋯⋯⋯⋯⋯⋯⋯ 117
第三节 车间的平面布置 ⋯⋯⋯⋯⋯⋯⋯⋯⋯⋯⋯⋯⋯ 118
　　一、生产线排列的基本形式 ⋯⋯⋯⋯⋯⋯⋯⋯⋯⋯ 118
　　二、设备排列的基本类型 ⋯⋯⋯⋯⋯⋯⋯⋯⋯⋯⋯ 119
第四节 车间平面布置实例 ⋯⋯⋯⋯⋯⋯⋯⋯⋯⋯⋯⋯ 120

一、平面布置图绘制步骤 ······································· 121
二、紧身直筒裙流水线车间布置实例 ························ 121

第三部分　工厂公用工程

第八章　服装厂公用工程 ······························· 125
第一节　供配电 ··· 126
一、电压分类及高低电压的划分 ························ 126
二、配电电压的选择 ······································ 126
三、变电所的选择 ··· 127
四、防雷的选择 ··· 127
第二节　照明 ··· 128
一、工厂照明设计范围 ···································· 128
二、工厂照明方式 ··· 128
三、灯具选择 ··· 129
四、工厂照明线路的敷设方式 ···························· 129
五、服装车间照明设计实例 ······························ 129
第三节　给水与排水 ··· 130
一、给水 ··· 130
二、排水 ··· 131
第四节　锅炉与蒸汽管道 ····································· 131
一、锅炉房位置选择原则 ·································· 131
二、车间蒸汽管道铺设 ···································· 131

参考文献 ·· 133

附录 ·· 134
附录 1　GB 50016—2006《建筑设计防火规范》生产的火灾危险性分类 ··· 134
附录 2　GB 50016—2006《建筑设计防火规范》厂房的防火间距 ············ 135
附录 3　GB 18083—2000《以噪声污染为主的工业企业卫生防护距离标准》
以噪声污染为主的工业企业卫生防护距离标准值 ·············· 136

第一部分　工厂设计基础

绪论

教学内容：服装生产工业化概况

中国服装工业发展

服装厂的分类与特点

基本建设程序和内容

课程时间：2课时

教学目的：1. 了解服装工业在我国国民经济中的地位与作用。

2. 掌握服装厂分类与特点。

3. 了解我国服装厂基本建设的程序和内容。

教学方法：教师讲授与学生讨论结合。

教学要求：1. 通过讲授让学生对我国服装工业发展的历史和现状有一定认识。

2. 通过实例让学生掌握服装厂建设的基本方法与程序。

第一章　绪论

第一节　服装生产工业化概况

一、服装机械化发展

1790年，美国木工托马斯·赛特发首先发明了世界上第一台先打洞、后穿线、缝制皮鞋用的单线链式线迹手摇缝纫机，缝纫机开始进入人们的视野。

1828年，法国棉纺织家J.海尔曼发明了专用于刺绣的缝纫机，在彩色布上用白色棉线绣以花卉图案，刺绣种类有床罩、枕套、台布等。

1829年，法国的一位贫穷缝纫师勃慈李梅·西蒙纳经过四年的研究，制造出了改进的缝纫机，他于1830年取得法国政府的专利权，并在次年生产了80台这种缝纫机，为法国巴黎陆军军服厂缝制军服。这是世界上最早进入批量生产的缝纫机。

1841年，法国裁缝巴特勒米·迪莫尼耶发明和制造了机针带钩子的链式线迹缝纫机。

1843年，美国人设计了一台手摇锁式缝纫机，缝纫速度达到每分钟300针，取得政府专利，见图1-1。

图1-1　手摇锁式缝纫机

　　1851年，美国机械工人胜家兄弟经过两年多的努力，制造出一台金属制的脚踏式缝纫机，并配用了木制机架，其缝纫速度达到每分钟600针，这在缝纫机的发明史上是一个重大突破，从而使缝纫机的生产效率大为提高，见图1-2。

图1- 2　脚踏式缝纫机

　　从托马斯和爱迪生发明了电动机后，1889年，胜家公司又发明了电动机驱动缝纫机。从此开创了缝纫机工业的新纪元。

　　1940年，瑞士爱尔娜公司发明了采用筒式底版铝合金铸机壳、内装电动机的便携式家用缝纫机。

二、服装生产方式发展

　　1862年，美国的布鲁克斯兄弟创造了裁剪纸样成衣技术，为现代服装的批量化、规格化生产奠定了基础。

　　1880年，男式标准尺寸规格的成衣已经确立。

　　第二次世界大战爆发后，服装作业分工——即让每个工人完成不同的工作任务，形成服装生产流水线的雏形，从而使服装的生产能力有了较大幅度的提高。

第二节　中国服装工业发展

　　中国服装工业的发展总体而言分为三个阶段，分别为改革开放前、改革开放至2000年以及2000年至今。

一、改革开放前中国服装工业发展

中国的缝纫机产业是从维修开始的。1912年，苏州申晶缝纫机号开始经营、修理、装配缝纫机，一些外国的机器厂家也开始在中国开设办事处，国际贸易带动了缝纫机使用技术、维修技术的传授和推广，从而开始了维修到仿制的中国缝纫机工业的第一步。1927年，协昌缝衣机器公司试制成功25K-55型草帽缝纫机，商标定名为"红狮"。由此，中国第一台国产缝纫机诞生，并先后生产了近二百台投放市场。1928年，胜美缝纫机厂成立，生产试制成功了我国第一台家用缝纫机，成为我国家用缝纫机工业的起点。当时的服装生产都是以家庭定制、手工作坊等形式存在。

新中国成立后，缝制机械工业得到了充分的发展，行业经历了改组、改造阶段，公私合营、兼并合作，进行了合理的分工，形成了一批骨干企业，如上海蝴蝶缝纫机厂、天津缝纫机厂和广州华南缝纫机厂等。截至1980年，全国共有缝纫机生产企业56家，分布在22个省市。服装工业生产以家用缝纫机和工业缝纫机并举。由于受到政治环境影响，服装工业发展缓慢。

二、改革开放至2000年中国服装工业发展

1978年以后，国内的一些服装工厂开始如雨后春笋般出现，虽然无论规模、技术还是设计力量都非常薄弱，但一些日后的大品牌——雅戈尔、杉杉、利郎、七匹狼等正是源自于这些服装工厂。

1994年是关键的一年。这一年，我国纺织品服装出口额达355.5亿美元，占全球纺织品服装交易额的13.2%，成为世界纺织服装第一大出口国。

到20世纪90年代中后期，批发市场已成为服装流通的主要渠道，部分市场向着规模化、规范化、品牌化迈进。

三、2000年至今中国服装工业发展

2000年后，中国服装行业经历了一场变革。由于国内消费观念和消费水平的提高，加之国际、国内服装市场强有力的竞争，促使服装行业加快产业结构和产品结构的调整步伐，步入"转轨升级"的新阶段。

进入21世纪，中国纺织服装工业进入了前所未有的一段高增长时期，中国纺织服装工业的总规模、总产量、总出口都已居世界前列，其中棉纺、毛纺、丝绸、化纤服装等产量均居世界之首。产业综合能力不断增强，基本形成了上、中、下游相衔接、门类齐全、行业配套，多种纺织原料基本满足的较为完整的产业体系。我国已由"纺织大国"向"纺织强国"的转变迈进。服装企业通过上市获取更多融资手段，取得更大的发展空间，并向更加规范的管理模式靠近，与国际接轨已成为现实。

　　市场格局首次变化出现在20世纪90年代末，1996年1月30日杉杉上市、1998年11月19日雅戈尔上市。从此，兼营生产与零售、同时主打自有品牌类型的服装企业开始受到资本市场的关注。此后，越来越多原有的加工型企业开始尝试转型，经营理念由生产者导向转变成为市场导向，经营重心由产品导向转变成为品牌导向，2004年七匹狼、2007年报喜鸟、2010年希努尔、凯撒分别上市。

　　从总体来看，我国服装工业逐渐成熟，在转轨升级的过程中虽然艰难，但是前景美好。

第三节　服装厂的分类与特点

一、服装厂分类

　　按生产品种分类：制服厂、男装厂、女时装厂、运动服厂、羽绒服厂、皮革服装厂、针织服装厂、特种服装厂等。

　　按经营方式分类：服装品牌经营厂、服装加工厂。

　　按规模分类：大型厂、中型厂、小型厂。

二、服装厂特点

1. 女时装厂特点

女装的设计要求高，流行性强，款式灵活多变，因此生产属于小批量、多款式。

女时装厂需要很多特殊机械设备，如绣花机、装饰线机等。如果有一些特殊设计，需要特殊机型，可以外加工。外加工生产周期加长，不利于产品的时效性。

女时装厂的管理技术要求高，但对整烫设备要求不太高。

2. 男装厂特点

男装的款式变化不多，一般属于大批量、少款式生产，男时装除外（与女时装相同）。

男装厂需要生产专机多，整烫设备昂贵，投资高。

男装厂的生产线较为固定，便于管理。

3. 针织服装厂特点

针织服装主要分为针织面料加工类服装与编制成型类服装两种。

针织服装厂必须拥有专业机器，如绷缝机、圆机、横机、缝盘机等。

针织类服装厂的专业机器投资中等，生产线较为固定，管理方便。

4. 羽绒服厂特点

羽绒服产品受季节性影响，生产期不长，一般夏季为生产旺季。服装厂管理技术要求较高。羽绒服厂的专业设备不多，机器设备投资不高。羽绒服厂可以在羽绒服生产淡季加工其他简单的机织类服装。

大型的羽绒服企业为保证羽绒质量，一般会拥有自己的洗绒厂。

5. 牛仔服厂特点

牛仔服厂生产的男女服装板型不同，但工艺要求基本相同，大多数生产牛仔裤，也生产少部分牛仔服，属于大批量生产、款式变化少的服装厂。牛仔服厂有很多生产设备是专有的，如厚料缝纫机、厚料包缝机、洗水设备等。由于牛仔服厂需要有洗水车间，洗水后的废水需要经过处理排放，有环保要求，废水处理需要投入较高成本，见下表。

服装厂特点比较

服装厂分类	制板技术要求	生产管理技术要求	设备要求	启动资金要求
女时装厂	高，灵活多变	高，款式变化多	较低	较低
男装厂	低，固定板型	低	高	很高
针织服装厂	一般	一般	一般	较低
羽绒服厂	较低	一般	较低	较低
牛仔服厂	一般，款式较固定	较高，有特殊工艺	一般	高，有洗水车间

第四节　基本建设程序和内容

基本建设程序是指建设项目从设想、选择、评估、决策、设计、施工到竣工验收、投入生产整个建设过程中，各项工作必须遵循先后次序的法则。按照建设项目发展的内在联系和发展过程，把基本建设程序分成若干发展阶段，这些发展阶段有严格的先后次序，不能任意颠倒、违反它的发展规律。

在我国按现行规定，基本建设项目从建设前期到建设、投产一般要经历以下几个阶段的工作程序：

（1）根据国民经济和社会发展长远规划，结合行业和地区发展规划的要求，提出项目建议书。

项目建议书是基本建设程序中最初阶段的工作，是投资决策前对拟建项目的轮廓设想。项目建议书主要内容：

①建设项目提出的必要性和依据；

②产品方案、拟建规模和建设地点的初步设想；

③资源情况、建设条件、协作关系等的初步分析；

④投资估算和资金筹措设想；

⑤经济效益和社会效益初步估计。

（2）在勘察、试验、调查研究及详细技术经济论证的基础上编制可行性研究报告。

可行性研究是指在项目决策前，通过对项目有关的工程、技术、经济等各方面条件和情况进行调查、研究、全面分析，对各种可能的建设方案和技术方案进行比较论证，并对项目建成后的经济效益进行预测和评价的一种科学分析方法。

经批准的可行性研究报告是进行初步设计的依据。可行性研究报告的主要内容因项目性质不尽相同，但一般应包括以下内容：

①项目的背景和依据；

②建设规模、产品方案、市场预测和确定依据；

③技术工艺、主要设备和建设标准；

④资源、原料、动力、运输、供水等配套条件；

⑤建设地点、厂区布置方案、占地面积；

⑥项目设计方案，协作配套条件；

⑦环保、规划、抗震、防洪等方面的要求和措施；

⑧建设工期和实施进度；

⑨投资估算和资金筹措方案；

⑩经济评价和社会效益分析；

⑪研究并提出项目法人的组建方案。

（3）根据项目的咨询评估情况，对建设项目进行决策。

（4）编制计划任务书。计划任务书又称设计任务书，是指确定基本建设项目、编制设计文件的主要依据。所有的新建、改扩建项目均需编制计划任务书。计划任务书的内容要按有关规定执行，其深度应能满足可行性研究报告的要求。计划任务书的审批权限按任务规模大小有明文规定。

（5）根据可行性研究报告、计划任务书编制设计文件。设计是对拟建工程的实施在技术上和经济上进行全面而详尽的安排，是基本建设计划的具体化，是整个工程的决定性环节，是组织施工的依据。它直接关系着工程质量和将来的使用效果。

可行性研究报告经批准的建设项目应通过招标、投标择优选择设计单位，按照批准的可行性研究报告内容和要求进行设计、编制文件。根据建设项目的不同情况，设计过程一般划分为两个阶段，即初步设计和施工图设计。

①初步设计是设计的第一阶段。它根据批准的可行性研究报告和必要而准备的设计基础资料，对设计对象进行通盘研究，阐明在指定的地点、时间和投资控制数内，拟建工程在技术上的可能性和经济上的合理性；通过对设计对象做出的基本技术规定，编制项目总概算。根据国家规定，如果初步设计提出的总概算超过可行性研究报告确定的总投资估算10%以上或其他主要指标需要变更时，要重新报批可行性研究报告。

②施工图设计的主要内容是根据批准的初步设计，绘制出正确、完整和尽可能详细的建筑、安装图纸。施工图设计单位必须具有承担相应项目的资质。施工图设计完成后，必

须委托取得审查资格，并具有审查权限要求的设计咨询单位审查并加盖专用章后使用。

（6）建设施工阶段。这是基本建设程序中的关键阶段，是对酝酿决策已久的项目具体付诸实施，使之尽快建成投资发挥效益的关键环节。在这个阶段中建设单位起着至关重要的作用，对工程进度、质量、费用的管理和控制责任重大。

（7）项目按批准的设计内容建成并经竣工验收合格后，正式投产，交付生产使用。

（8）生产运营一段时间后，进行项目后评价。这一阶段主要是为了总结项目建设成功或失误的经验教训，供以后的项目决策借鉴；同时，也可为决策和建设中的各种失误找出原因，明确责任；还可对项目投入生产或使用后还存在的问题，提出解决办法、弥补项目决策和建设中的缺陷。

以上基本建设程序可由项目审批主管部门视项目建设条件、投资规模作适当合并。

本章小结

■中国服装工业的发展总体而言分为三个阶段：改革开放前、改革开放至2000年以及2000年至今。目前，我国服装工业逐渐成熟，虽然转轨升级的过程艰难，但是前景美好。

■要建立一个服装厂，需要遵照建设的基本程序。也就是要经过设想、选择、评估、决策、设计、施工到竣工验收、投入生产整个建设过程，各项工作必须遵循先后次序的法则。

思考题

1. 什么是可行性研究，服装厂建设的可行性研究有哪些主要内容？
2. 中国服装厂有哪些类型，每种类型有什么特点？

服装厂址选择与总平面布置

教学内容： 服装厂址选择的基本原则与主要条件

　　　　　服装厂区总平面布置的原则与内容

　　　　　服装厂总平面布置实例分析

　　　　　服装厂区平面布置绘制实例

课程时间： 4课时

教学目的： 1.了解服装厂址选择的重要性和厂址选择的基本

　　　　　方法。

　　　　　2.掌握服装厂平面布置设计的内容与方法。

教学方法： 教师讲授理论、分析实例和学生实际操作指导相

　　　　　结合。

教学要求： 1.通过讲授让学生充分了解厂址选择与总平面布置对服

　　　　　装厂投产后运营的经济效益、社会效益的影响。

　　　　　2.通过课堂和课后练习，让学生掌握服装厂址选择与总平

　　　　　面布置的主要方法与内容。

第二章 服装厂址选择与总平面布置

第一节 服装厂址选择的基本原则与主要条件

一、服装厂址选择的基本原则

（1）根据国家建设规划要求，贯彻国家建设的各项方针政策。首先需要去规划局等部门了解整体规划文件，熟悉近期的发展方向，这样有利于选址的规避风险和增值。如选址在规划的机场或者高铁站附近，就会为项目带来远期的升值空间。

（2）节约投资，具有最佳综合经济效益。选址的位置与投资金额有极大的关系，也对以后生产运营的成本造成影响。以最佳综合经济效益为首要考虑因素。

（3）注重调查研究，多方案比较论证。

（4）注重环境效益和社会效益。

二、服装厂址选择的主要条件

1．面积

（1）厂区用地面积应满足生产工艺和运输要求，并预留扩建用地。一般而言，预留扩建用地面积占总面积的10%左右。由于场地限制，也可以不留预留扩建用地。

（2）居住用地应根据工厂规模及定员，按国家、省、市所规定的定额，计算所需面积。一般而言，新建工业项目所需行政办公及生活服务设施用地面积，不得超过工业项目总用地面积的7%；生产区用地必须大于总用地面积的30%，见表2-1。

表 2-1 一般工业园区用地构成比例

用地类别	厂房、仓库	管理、公共设施	生活设施	道路	园区绿地
用地比例	30%～60%	5%～10%	5%～7%	10%～15%	20%～30%

2．外形与地形

（1）外形应尽可能简单，如矩形场地长宽比一般控制在1∶1.5之内，较经济合理。

（2）地形应有利于车间布置、运输联系及场地排水。一般情况下，自然地形坡度不大于5‰，丘陵坡地不大于40‰，山区建厂不超过60‰为宜。

（3）地下岩层满足建筑需要。选址的地下岩层结构直接决定开挖与修建地基的成本。修建高层建筑时，黄土结构可以直接打桩；花岗岩可以直接浇筑；地下土质硬可以挖人工桩。如果地下岩层是沙石结构，修建高层建筑时就会比较麻烦，耗资较大。

3. 气象

（1）考虑高温、高湿、云雾、风沙和雷击等气象对生产的不良影响。

（2）考虑冰冻线对建筑物基础和地下管线敷设的影响。

4. 交通运输

（1）根据工厂运货量、物料性质、外部运输条件、运输距离等因素合理确定采用的运输方式。服装企业大批进货一般是依靠铁路、公路；也有采用水运；小样进货和样衣、样布等采用空运。运输方式以及企业的运营形式不同，可以考虑外包物流公司或者自行负责。

（2）运输路线应采用最短、方便、工程量小、经济合理的方式。运输路线是和厂址位置直接相关，运输成本与购地成本一般是反比关系。因此，必须在这个中间选择一个最佳点，见图2-1。

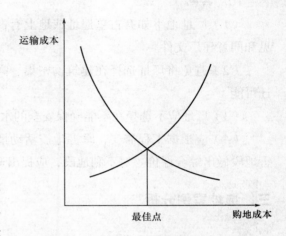

图2-1　运输成本与购地成本关系图

5. 给水排水

（1）靠近水源，保证供水的可靠性，并符合生产对水质、水量、水温的要求。服装企业的用水量不大，一般采用市政的给水系统，不直接采用自然水。

（2）污水便于排入附近江河或城市下水系统。服装企业的污水主要是生活污水，一般依托市政排水设施。

6. 能源供应

（1）靠近热电供应地点，所需电力、蒸汽等应有可靠来源。服装企业电力选择工业用电，靠市政电力系统提供；需要蒸汽的量很小，可自己提供。

（2）自备锅炉房和煤气站时，宜靠近燃料供应地；煤质应符合要求，并备有贮灰场地。大型服装企业会使用小型锅炉；也有不用的，采用电的蒸汽发生器。

7. 居住区

（1）有危害性的工厂应位于城市居住区全年最小风向频率的下风侧，并要有一定的防护地带。

（2）职工居住区靠近工厂，职工上下班步行不宜超过30分钟；高原与高寒地区步行不宜超过15~20分钟；职工居住区过远，就必须考虑在厂区里面修建职工生活区。

8. 安全防护

工厂与工厂之间，工厂与居住区之间，必须满足现行安全、卫生、环保各项有关规定。例如一般服装厂的噪声为72分贝，卫生防护距离要求50m；炼钢厂的粉尘污染，卫生防护距离要求1000～1400m。

9. 区域社会条件

（1）了解当地法规与政策，厂址选择要满足当地经济与社会发展的现状。

（2）区域内有相关的产业支持，政府有较强的配套能力。

10. 其他

（1）厂址地下如有古墓遗址或地上有古代建筑物、文物时应征得有关部门的处理意见和同意建厂文件。

（2）避免将厂址选择在建筑物密集、高压输电线路地工程管道通过地区，以减少拆迁可能。

（3）厂址应不选择在不能确保安全的水库下游与防洪堤附近。

（4）应根据工程需要，掌握地震活动情况和地震地质资料，对地震有利、不利和危害地段做出综合评价。对不利地段，应提出避开要求。

三、选址案例分析

（一）雅戈尔（集团）股份有限公司（大型企业）

1. 企业规模

企业创建于1979年，经过20多年的发展，逐步确立了以纺织、服装、房地产、国际贸易为主体的多元并进，专业化发展的经营格局。集团现拥有净资产70多亿元，员工25000余人。2001年10月，占地350亩的雅戈尔国际服装城全面竣工，形成了年产衬衫1000万件、西服200万套、休闲服、西裤等其他服饰共3000万件的生产能力。2003年占地500亩的雅戈尔纺织城全面竣工投产，成为国内高端纺织面料的生产基地，见图2-2。

图2-2　雅戈尔纺织城一角

2. 选址地点

宁波市鄞州区石碶街道雅戈尔大道。这里是政府开辟的工业园区，服装生产加工业发达。这儿有雅戈尔、杉杉、洛兹、培罗成、爱尔妮、布利杰、太平鸟等一批服装企业。

3. 选址条件

（1）面积：工业开发园区，面积广大。

（2）外形与地形：平原地区，土地方正。

（3）交通运输：距宁波市10分钟车程，区内水陆交通便利；政府专修雅戈尔大道，解决工业园区的交通干线问题。

（4）给水排水：靠海临河，依靠市政设施。

（5）能源供应：政府修建雅戈尔电力专线。

（6）居住区：占地面积大，专修职工宿舍。

（7）施工条件：建筑材料、机械的供应便利。

（二）联业制衣(东莞)有限公司（中型企业）

1. 企业规模

总部位于中国香港的联业制衣（TAL）集团是一家世界领先，富有创意的服装生产商，其产品具有融款式、舒适和功能为一体的特点。专门生产世界知名品牌的优质男女服装。年生产能力为衬衫3000万件、裤子1000万件、上衣560万件、外套90万件。目前，在美国销售的衬衫中每7件就有1件是联业制衣（东莞）有限公司制造的。联业制衣（东莞）有限公司是集团1993年投资3亿多港币建立的全资子公司，现有雇员6000人，厂房面积约42000平方米，见图2-3。

图2-3 联业制衣（东莞）有限公司厂区

2. 选址地点

广东东莞清溪镇。清溪镇在东莞市东南部，与深圳、惠州两市接壤。这里为政府开辟的工业园区，现有外资企业720多家，见图2-4。

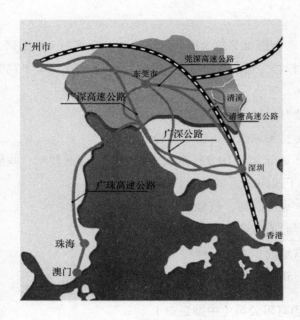

图2-4　东莞清溪镇地理位置

3.选址条件

（1）面积：工业开发园区，面积广大。

（2）外形与地形：平原地区，土地方正。

（3）交通运输：铁路、公路交通网发达，离中国香港地区近。

（4）给水排水：工业园区提供。

（5）能源供应：工业园区提供。

（6）居住区：占地面积大，专修职工宿舍，土地不足还可以依靠镇上的居民区。

（7）施工条件：建筑材料、机械的供应便利。

（三）四川琪达实业有限责任公司（小型企业）

1. 企业规模

企业于1985年创建，占地30多亩，现有员工1000余人。具有年产高档西服20万套、精品衬衫100万件、职业服装100万件（套）的生产能力，见图2-5。

2. 选址地点

四川省德阳市市区。德阳市位于成都平原东北部，距离成都仅有41千米路程，距离成都双流国际机场仅有40分钟车程。德阳市的全市地区生产总值居四川省前三强。

3. 选址条件

（1）面积：地处市区，占地面积较小，满足小型企业需要。

（2）外形与地形：平原地区，土地方正。

（3）交通运输：四通八达的市县快速通道构成了德阳发达的铁路、公路、航空立体

图2-5　四川琪达实业有限责任公司厂区

交通体系。

（4）给水排水：城市市政保证。

（5）能源供应：城市市政保证。

（6）居住区：位于市区，不用给员工提供住宿，依靠城市的居住区。

（7）施工条件：建筑材料、机械的供应便利。

四、厂址方案选择方法

厂址选择的优劣直接影响工程设计质量、建设进度、投资额大小和投产后经营管理条件，进行多方案的比较是十分必要的。

厂址方案比较有很多种方案，其中最常用的有重要因素排除法、法案比较法和统计学法。

（一）重要因素排除法

备选厂址对应重要因素的条件凡不能满足国家规定及工程技术要求的，均不再参与比选；有可能严重影响厂址选择的重要因素的，经过调研讨论无法解决，也不再参与比选。

1. **不能满足国家规定及工程技术要求的重要因素**

（1）不符合国家产业布局、地方发展规划。

（2）在有地质灾害地区内，如基本烈度高于七度地区、海啸区、泥石流严重危害区。

（3）在采矿沉陷区或具有开采价值的矿藏区内。

（4）在国家规定的自然保护区、历史文物区内等。

2. **有可能严重影响厂址选择的重要因素**

（1）不符合卫生防护距离或安全防护距离。

（2）公用工程供应不可靠，如电力供应不足等。

（3）交通运输能力不足。

（4）不能得到当地公众支持与舆论支持。

（二）方案比较法

方案比较法，就是以技术经济条件为主体，列出其中若干条件作为主要影响因素，形成厂址方案。然后对每一方案的优缺点进行比较，最后结合以往的选择厂址经验，得出最佳厂址的选择结论。对工业企业而言，厂址选择往往是以总成本最小为决策目标。

基本思路是从经济上进行分析，以费用（或成本）大小作为择优标准。费用由基本建设和经营费用两部分组成。利用这种方法，首先是在建厂地区内选择几个厂址，列出可比因素，进行初步分析；比较后选出两三个较为合适的大体方案，然后进行详细的调查、勘察、列出厂址方案比较表、计算各方案的建设费用和经营费用。通过分析进而选择投资回收期较短或年等值费用最小的方案。

以某服装厂为例，其选址方案有三个，列表得到三个方案的建设费用（见表2-2）和经营费用（见表2-3），计算得到年等值费用最小的方案为最佳方案。

表 2-2 备选厂址建设费用比较 单位：万元

费用名称	厂址1	厂址2	厂址3
土地购置	2000	2500	2300
场地拆迁与安置	0	1000	1500
场地平整	300	20	10
地基处理	500	600	450
管线安装	800	200	250
环保费	50	500	400
建材与设备费	2700	1800	2200
合计	6350	6620	7110

表 2-3 备选厂址每年经营费用比较 单位：万元

费用名称	厂址1	厂址2	厂址3
交通运输	360	300	280
原材料	2000	2000	2000
人工费	1200	1100	1100
能源费用	170	160	150
管理费用	80	70	70
税金及附加费	500	500	500
合计	4310	4130	4100

需要把建设投资的费用折换成年等值费用，等额资金回收系数K公式为：

$$K = \frac{i(1+i)^n}{i(1+i)^n - 1}$$

式中：K——资金回收系数；

　　　i——投资年利率；

　　　n——计算期，单位年。

按照计算期10年，投资年利率按6.55%计算，则3个备选厂址的计算如下：

$K=0.1394$

厂址1的年总成本=6350×0.1394 + 4310= 5195.19（万元）

厂址2的年总成本=6620×0.1394 + 4130= 5052.83（万元）

厂址3的年总成本=7110×0.1394 + 4100= 5091.13（万元）

综上所述，厂址2是年总成本最少的方案，所以最终选择厂址2为最佳方案。

（三）统计学方法

厂址最优位置确定的统计学方法有：比较矩阵法、层次分析法、判定优先次序法、重心法及数学程序法、数学规划法、评分优选法、模糊综合评判法等。以上方法可以分为两类：第一类，没有候选的厂址位置，通过建立基于某种或某几种目标的数学模型来直接寻求最优厂址位置，如重心法、数学程序法及数学规划法；第二类，通过定性分析建立候选厂址位置集合，进而通过分析候选集合中各厂址的各项指标（包括定性指标与定量指标），得到各厂址的综合评价值，并在其中择优作为确定的厂址最优位置。如比较矩阵法、层次分析法、模糊综合评判法等。各种方法均有其自身的特点和适应性。

目前，层次分析法运用最广泛，也较为简单。它能够在已确定的地点内，通过对比数个候选集合中的各厂址位置的各项指标属性，得到其综合评价值，并据此选择厂址最优位置。

1. 层次分析法（Analytic Hierarchy Process，简称AHP）

是美国运筹学家于20世纪80年代提出的一种实用的多方案或多目标的决策方法。其主要特征是，它合理地将定性与定量的决策结合起来，按照思维、心理的规律把决策过程层次化、数量化。

用AHP分析问题大体要经过以下五个步骤：

（1）建立层次结构模型，确定层次间关系，见图2-6。

（2）通过相互比较确定各准则对于目标的权重，即构造判断矩阵。在层次分析法中，为使矩阵中的各要素的重要性能够进行定量显示，引进了矩阵判断标度（1～9标度法）。对于要比较的因子而言，认为一样重要就是1∶1，强烈重要就是9∶1，也可以取中间数值6∶1等，两两比较，把数值填入，并排列成判断矩阵（判断矩阵是对角线积是1的正反矩阵即可）。

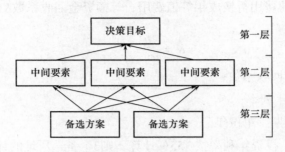

图2-6 层次结构模型

（3）需要对层次单排序。层次单排序是指对于上一层某因素而言，本层次各因素的重要性的排序。也就是利用判断矩阵计算各因素对目标层的权重。

（4）进行一致性检验。完成判断矩阵后计算出成对比较矩阵的特征向量。由特征向量求出最大特征根λ_{max}。用最大特征根λ_{max}和公式$CI = \dfrac{\lambda_{max} - n}{n-1}$及$CR = \dfrac{CI}{RI}$对比较矩阵进行一致性检验，当$CR < 0.1$时，则认为判断矩阵具有满意的一致性。否则需要把判断矩阵表重新调整。

（5）最后进行层次总排序。计算底层元素对系统目标的合成权重进行总排序，总排序就是利用层次单排序结果计算各层次的组合权数，总排序的结果也就是各方案的优先次序。

2. **实例分析**

（1）层次结构模型建立。服装厂选址备选方案有两个，一共有五个影响因素，这五个因素之间关系用图2-7表示，这个也是得出的层次结构模型。

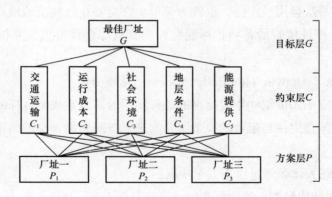

图2-7 某服装厂选址层次结构模型

（2）从上层要素开始，依次以上层要素为依据，对下一层要素两两比较，建立判断矩阵。根据层次结构图，本服装厂实例应建立两个层次的（A；B）共六个（A；B_1；B_2；B_3；B_4；B_5）判断矩阵。约束层包含五个约束，交通运输C_1，运行成本C_2，社会环境C_3，地层条件C_4，能源供应C_5。相对于目标层最佳厂址，进行两两比较打分。

$$
\begin{array}{c}
\begin{array}{ccccc} C_1 & C_2 & C_3 & C_4 & C_5 \end{array} \\
A = \begin{array}{c} C_1 \\ C_2 \\ C_3 \\ C_4 \\ C_5 \end{array}
\begin{pmatrix}
1 & 1/2 & 4 & 3 & 3 \\
2 & 1 & 7 & 5 & 5 \\
1/4 & 1/7 & 1 & 1/2 & 1/3 \\
1/3 & 1/5 & 2 & 1 & 1 \\
1/3 & 1/5 & 3 & 1 & 1
\end{pmatrix}
\end{array}
$$

$$
\begin{array}{cc}
\begin{array}{c}
\begin{array}{ccc} P_1 & P_2 & P_3 \end{array} \\
B_1 = \begin{array}{c} P_1 \\ P_2 \\ P_3 \end{array}
\begin{pmatrix}
1 & 2 & 5 \\
1/2 & 1 & 2 \\
1/5 & 1/2 & 1
\end{pmatrix}
\end{array}
&
\begin{array}{c}
\begin{array}{ccc} P_1 & P_2 & P_3 \end{array} \\
B_2 = \begin{array}{c} P_1 \\ P_2 \\ P_3 \end{array}
\begin{pmatrix}
1 & 1/3 & 1/8 \\
3 & 1 & 1/3 \\
8 & 3 & 1
\end{pmatrix}
\end{array}
\end{array}
$$

$$
\begin{array}{cc}
\begin{array}{c}
\begin{array}{ccc} P_1 & P_2 & P_3 \end{array} \\
B_3 = \begin{array}{c} P_1 \\ P_2 \\ P_3 \end{array}
\begin{pmatrix}
1 & 1 & 3 \\
1 & 1 & 3 \\
1/3 & 1/3 & 1
\end{pmatrix}
\end{array}
&
\begin{array}{c}
\begin{array}{ccc} P_1 & P_2 & P_3 \end{array} \\
B_4 = \begin{array}{c} P_1 \\ P_2 \\ P_3 \end{array}
\begin{pmatrix}
1 & 3 & 4 \\
1/3 & 1 & 1 \\
1/4 & 1 & 1
\end{pmatrix}
\end{array}
\end{array}
$$

$$
\begin{array}{c}
\begin{array}{ccc} P_1 & P_2 & P_3 \end{array} \\
B_5 = \begin{array}{c} P_1 \\ P_2 \\ P_3 \end{array}
\begin{pmatrix}
1 & 1 & 1/4 \\
1 & 1 & 1/4 \\
4 & 4 & 1
\end{pmatrix}
\end{array}
$$

（3）进行层次单排序。具体计算是：对于判断矩阵B，计算满足$BW = \lambda_{max} W$的特征根与特征向量。式中λ_{max}为B的最大特征根，W为对应于λ_{max}的正规化的特征向量，W的分量w即是相应元素单排序的权值。

具体计算方法如下：

$$
B_1 = \begin{pmatrix} 1 & 2 & 5 \\ 1/2 & 1 & 2 \\ 1/5 & 1/2 & 1 \end{pmatrix}
\xrightarrow[\text{归一}]{\text{列向量}}
\begin{pmatrix} 0.59 & 0.57 & 0.63 \\ 0.29 & 0.29 & 0.25 \\ 0.12 & 0.14 & 0.13 \end{pmatrix}
\xrightarrow[\text{求和}]{\text{按行}}
\begin{pmatrix} 1.78 \\ 0.83 \\ 0.39 \end{pmatrix}
\xrightarrow{\text{归一化}}
\begin{pmatrix} 0.59 \\ 0.28 \\ 0.13 \end{pmatrix} = w
$$

按此方法计算得到A、B_1、B_2、B_3、B_4、B_5判断矩阵与相应元素单排序的权值，见表2-4~表2-9：

表 2-4 A 判断矩阵

C	C_1	C_2	C_3	C_4	C_5	w
C_1	1	0.5	4	3	3	0.2636
C_2	2	1	7	5	5	0.4773
C_3	0.25	0.1429	1	0.5	0.3333	0.0531
C_4	0.3333	0.2	2	1	1	0.0988
C_5	0.3333	0.2	3	1	1	0.1072

表 2-5　B_1 判断矩阵

C_1	P_1	P_2	P_3	w_1
P_1	1	2	5	0.5954
P_2	0.5	1	2	0.2764
P_3	0.2	0.5	1	0.1283

表 2-6　B_2 判断矩阵

C_2	P_1	P_2	P_3	w_2
P_1	1	0.3333	0.125	0.0819
P_2	3	1	0.3333	0.2363
P_3	8	3	1	0.6817

表 2-7　B_3 判断矩阵

C_3	P_1	P_2	P_3	w_3
P_1	1	1	3	0.4286
P_2	1	1	3	0.4286
P_3	0.3333	0.3333	1	0.1429

表 2-8　B_4 判断矩阵

C_4	P_1	P_2	P_3	w_4
P_1	1	3	4	0.6337
P_2	0.3333	1	1	0.1919
P_3	0.25	1	1	0.1744

表 2-9　B_5 判断矩阵

C_5	P_1	P_2	P_3	w_5
P_1	1	1	0.25	0.1667
P_2	1	1	0.25	0.1667
P_3	4	4	1	0.6667

（4）进行一致性检验。具体计算方法如下：

$$B_1 w = \begin{pmatrix} 1 & 2 & 5 \\ \frac{1}{2} & 1 & 2 \\ \frac{1}{5} & \frac{1}{2} & 1 \end{pmatrix} \begin{pmatrix} 0.59 \\ 0.28 \\ 0.13 \end{pmatrix} = \begin{pmatrix} 1.79 \\ 0.83 \\ 0.39 \end{pmatrix}$$

$$\lambda_{max} = \frac{1}{n}\sum_{i=1}^{n}\frac{(B\omega)_i}{\omega_i}，\text{所以}\ \lambda_{max} = \frac{1}{3}(\frac{1.79}{0.59} + \frac{0.83}{0.28} + \frac{0.39}{0.13}) = 3.0055$$

$$CI = \frac{\lambda_{max} - n}{n-1} = 0.0028$$

随机一致性指标RI：其值见表2-10。

表2-10　一致性指标 RI 与 n 的对照表

n	1	2	3	4	5	6	7	8	9	10	11	12	13
RI	0	0	0.53	0.89	1.12	1.26	1.36	1.41	1.46	1.49	1.52	1.54	1.56

$CR = \frac{CI}{RI} = \frac{0.0028}{0.53} = 0.0053$，$CR < 0.1$，$B$的不一致性程度在容许范围内，此时可用$B$的特征向量作为权向量。

按此方法计算得到A、B_1、B_2、B_3、B_4、B_5的CR分别为0.016、0.0053、0.0015、0.0000、0.0088、0.0000，都小于0.1，满足要求。

（5）最后的层次总排序。B_1、B_2、B_3、B_4、B_5的五个特征向量构成一个矩阵与A的特征向量相乘，得到最终的排序向量W，见表2-11。

$$W = \begin{pmatrix} 0.5954 & 0.0819 & 0.4286 & 0.6337 & 0.1667 \\ 0.2764 & 0.2363 & 0.4286 & 0.1919 & 0.1667 \\ 0.1283 & 0.6817 & 0.1429 & 0.1744 & 0.6667 \end{pmatrix} \begin{pmatrix} 0.2636 \\ 0.4773 \\ 0.0531 \\ 0.0988 \\ 0.1072 \end{pmatrix} = \begin{pmatrix} 0.2993 \\ 0.2452 \\ 0.4555 \end{pmatrix}$$

表2-11　最终权重表

G	C_1	C_2	C_3	C_4	C_5	W
	0.2636	0.4773	0.0531	0.0988	0.1072	
P_1	0.5954	0.0819	0.4286	0.6337	0.1667	0.2993
P_2	0.2764	0.2363	0.4286	0.1919	0.1667	0.2452
P_3	0.1283	0.6817	0.1429	0.1744	0.6667	0.4555

对总体优先级排序，可得$P_3 > P_1 > P_2$。故厂址位置选择的最优方案为P_3。因此，厂址3为最佳选址方案。

五、厂址选择的程序

厂址选择工作大体分为准备工作、现场勘查与编制厂址选择报告三个阶段。

（一）准备工作阶段

1. 组织准备

由主管建厂的国家部门组织建设、设计(包括工艺、总图、给排水、供电、土建、技经等专业人员)、勘测(包括工程地质、水文地质、测量等专业人员)等单位有关人员组成选厂工作组。

2. 技术准备

选厂工作人员在深入了解设计任务书内容和上级机关建设精神的基础上，拟订选厂工作计划，编制选厂各项指标及收集厂址资料提纲，包括厂区自然条件（指地形、地势、地质、水文、气象、地震等）、技术经济条件（如原材料、燃料、电热、给水排水、交通运输、场地面积、企业协作、"三废"处理、施工条件等）的资料提纲。例如：

（1）厂址的地形图（比例是1∶1000与1∶2000）。

（2）风玫瑰图和风级表。

（3）原料、燃料的来源及数量。

（4）水源、水量及其水质情况。

（5）交通条件与年运输量（包括输入与输出量）。

（6）场地凸凹不平度与挖填土方量。

（7）工厂周围情况及协作条件等。

在收集资料基础上，进行初步分析研究，在地形图上绘制总平面方案图，试行初步选点。经过分析研究，从中优选方案图，作为下一步勘测目标。

（二）现场勘查阶段

（1）选厂工作组向厂址地区有关领导机关说明选厂工作计划。要求给予支持与协助，听取地区领导介绍厂址地区的政治、经济概况及可能作为几个厂点的具体情况。

（2）进行踏测与勘探，摸清厂址厂区的地形、地势、地质、水文、场地外形与面积等自然条件，绘制草测图等。同时摸清厂址环境情况、动力资源、交通运输、给水排水、可供利用的公用、生活设施等技术经济条件，以使厂址条件具体落实。

（三）编制厂址选择报告阶段

这是厂址选择工作的结束阶段。在此阶段里，选厂工作组全体成员按工艺、总图、给水排水、供电、供热、土建、结构、技经、地质、水文等13个专业类型，对前两阶段收集、勘测所实得的资料和技术数据进行系统整理，编写出厂址选择报告，供上级主管部门组织审批。

第二节 服装厂区总平面布置的原则与内容

一、服装厂区总平面布置的原则

工业企业总体规划，应结合工业企业所在区域的经济条件、自然条件等进行编制，并应满足生产、运输、防震、防洪、防火、安全、卫生、环境保护和职工生活设施的需要，经多方案技术经济比较后，择优确定。总的而言，有以下几点原则：

（一）合理进行功能分区

根据工厂生产特点和建筑物的使用功能要求，对厂区内各种建筑物和构筑物进行分区布置。

工业企业厂区一般分为生产区、动力区、仓库区、办公区、生活区。每个区都有自己的功能与特点。把功能相同的或者相近的单位集中在一起，便于管理和安全防护。分区布置有以下两种形式：

1. 分片布置形式

生产区、生活区、办公区分片布置，从整体上有着明确的功能分区，适用对居住、公共设施和环境有干扰和污染的工业用地，厂区实例见图2-8。

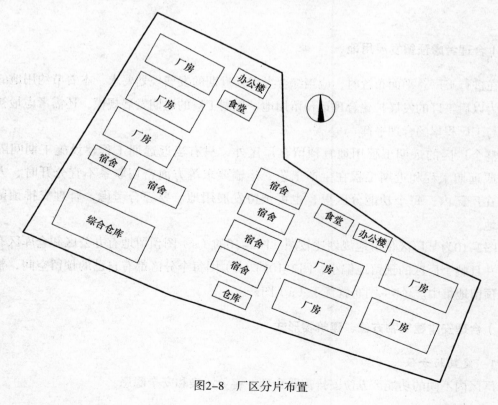

图2-8 厂区分片布置

2. 混合布置形式

生产区、生活区和办公区混合布置，可组成多个相对完整的厂区，适用于对居住、公共设施和环境基本无干扰和污染的工业用地，厂区实例见图2-9。

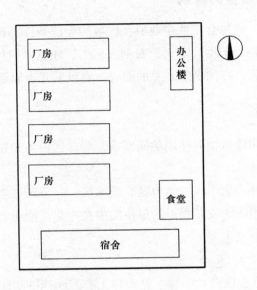

图2-9　厂区混合布置

（二）合理考虑预留发展用地

在进行工厂总平面布置时，应当综合考虑远近期的发展规划要求，本着节约用地的原则，为以后工厂的发展扩建合理地预留用地。规划工厂的远期发展规模，还需考虑最初投资额与工厂积累的合理平衡。

整个厂区的远期工程用地宜预留在厂区外，只有当近远期工程建设施工期间隔很短，或远期工程和近期工程在生产工艺、运输要求等方面密切联系不宜分开时，方可预留在厂区内。每个功能分区里，也可预留发展用地。要综合考虑，合理安排预留发展用地。

图2-10为某厂区预留地规划比较图。图2-10的（a）图预留地有办公区和仓库区有交叉，并且整个厂区的预留地偏小；图2-10的（b）图每个分区都有自己的预留空间，整个厂区预留地集中。（b）图布置优于（a）图。

（三）合理安排建筑物方位、建筑物形式

1. 建筑物方位

厂区内不同的功能区方位安排需要合理，避免污染和安全隐患。

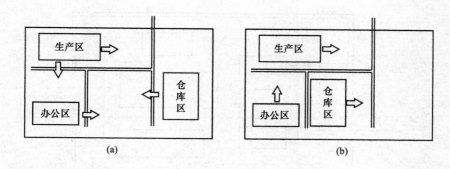

图2-10　某厂区预留地规划比较

（1）在布置各种建筑物的相对位置时，必须考虑建厂地区的主导风向。例如，产生高温、有害气体、烟、雾、粉尘的生产设施，应布置在厂区全年最小频率风向的上风侧，且地势开阔、通风条件良好的地段，并应避免采用封闭式或半封闭式的布置形式。

（2）在布置各种建筑物的相对位置时，还要考虑卫生要求。例如，产生高噪音的生产设施，宜相对集中布置。其周围宜布置对噪声不敏感、朝向有利于隔声的建筑物、构筑物和堆场等，还要考虑其与相邻设施的距离满足噪声卫生防护距离。

（3）在布置各种建筑物的相对位置时，还要考虑临近工厂的情况。例如在同一工业区内布置不同卫生特征的工业企业时，应避免不同职业危害因素（物理、化学、生物等）产生交叉污染。

2. 建筑物形式

厂区的建筑物形式分为：以单层建筑为主体形式；以多层建筑为主体形式；单、多层建筑结合形式。

要根据厂区面积和生产工艺要求来选择建筑物形式。例如，机械厂就必须以单层建筑为主体形式，是因为生产的产品体积大，重量大。

（四）满足生产工艺要求

生产工艺流程是进行总平面布置的主要依据。生产过程是一个有机整体，只有在各部门的配合下才能顺利进行。基本生产过程（产品加工过程）是主体，与它有密切联系的生产部门要尽可能与它靠拢，如辅助生产车间和服务部门应该围绕基本生产车间安排。

（五）规划合理的厂内运输线

厂内运输线的安排，其实就是安排好人流与货流两条流线。图2-11就是某厂区厂内运输线安排实例。总体来说，流线安排要符合以下三点：

（1）人流、货流分开。

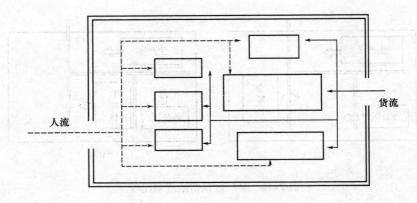

图2-11　某厂区厂内运输线

（2）人流、货流尽量不要交叉。

（3）流线尽量短。

（六）符合防火、卫生规范及各种安全规定和要求

在工厂总平面布置中，应注意遵守国家有关建筑物的防火规范和满足安全、卫生等要求。建筑物防火安全间距和卫生防护距离的具体要求见附录1～附录3。

二、服装厂区布置原则应用实例

1. 案例一

图2-12为某服装厂区的平面布置图，按照以上六个原则，分析其平面布置的优缺点如下：

（1）厂区里按照功能进行了分区：仓库区、动力辅助区、办公区、生产区、生活区。

（2）建筑物的方位、建筑物形式安排不合理：办公区在生产区、仓库区中间，既影响办公质量，又妨碍未来的扩展。

（3）厂内运输线不合理：人流、货流可以分开，但是物流增加运输距离。

（4）原料库、动力部门位置不合理：仓库区、动力辅助区离生产区过远，不能高效满足生产工序流程。

按照平面布置原则，对图2-12的布置进行调整，调整后见图2-13。调整后的布置缩短货流路线，更好满足生产需要。

2. 案例二

图2-14是某汽车厂的平面布置图。按照以上平面布置原则，分析其平面布置的优缺点如下：

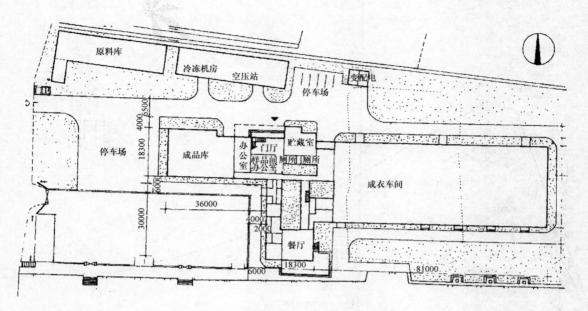

图2-12 某服装厂区的平面布置

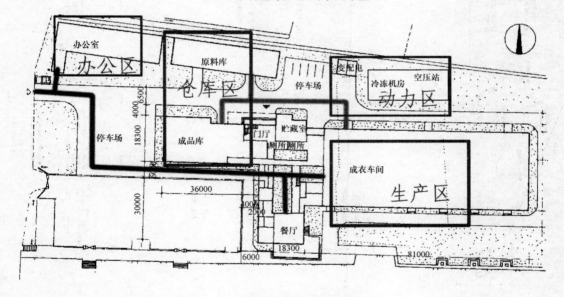

图2-13 某服装厂区的平面布置调整

（1）厂区里按照功能进行了分区：生产区（包括辅助动力等区域）、办公区、生活区。

（2）建筑物布置合理：办公区与生活区布置在厂区全年最小频率风向的上风侧。

（3）人流与货流分开：有两个出入口，一个为人流出入口，一个为货流出入口。

（4）厂区绿化面积大，有隔离带，满足卫生要求。

（5）有一定的预留地，满足扩建要求。

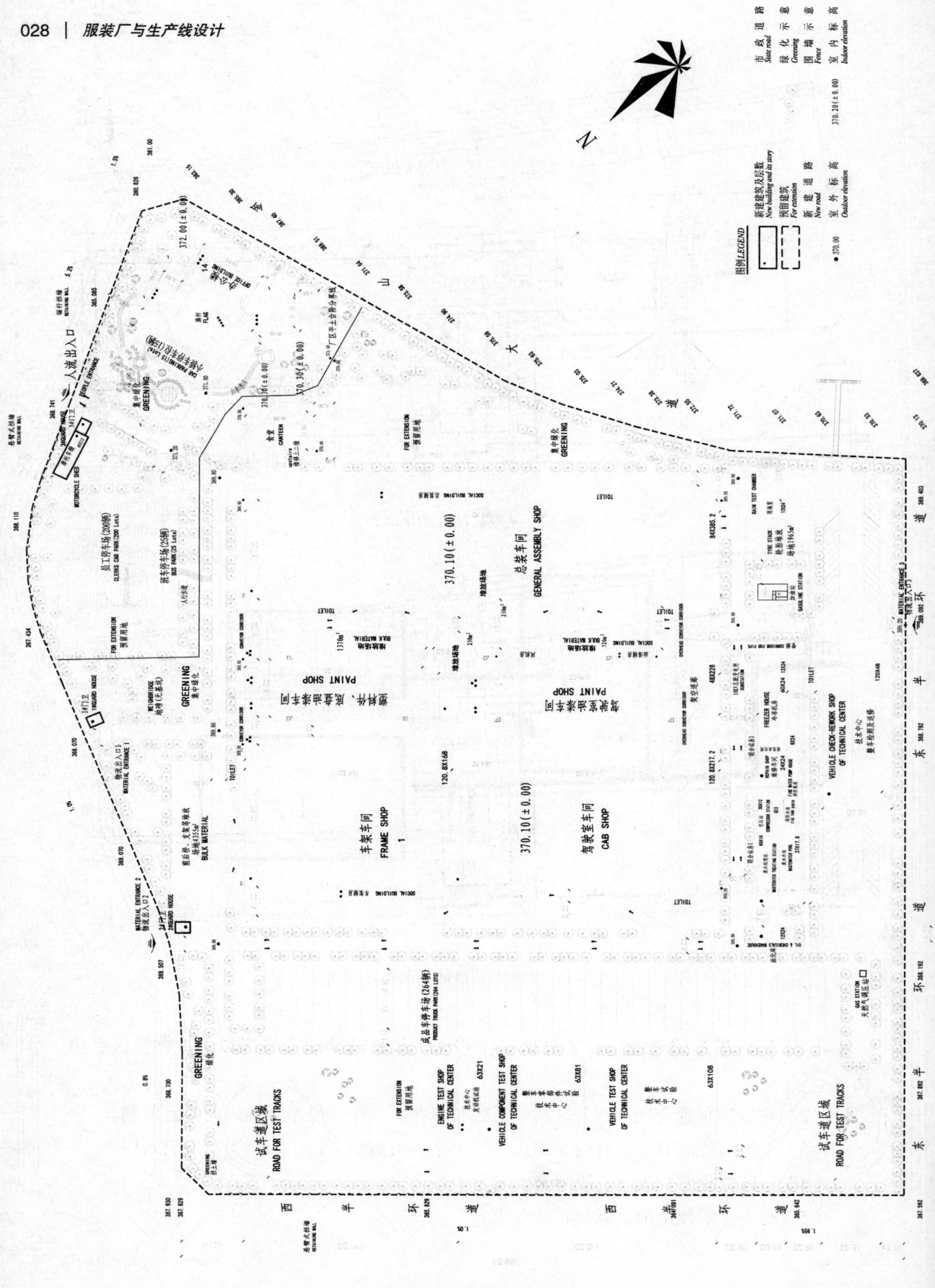

图2-14　某汽车厂的平面布置

三、服装厂总平面布置的内容

（1）生产建筑：包括由原辅料准备、裁剪、缝纫到整烫、包装的各主要生产车间。

（2）动力建筑：包括供应动力和照明用电的变电所，供应蒸汽和热水的锅炉房等。

（3）辅助建筑：包括为生产车间服务的部门修间、空压机站等。

（4）仓储及运输设施：包括原料、辅料、机物料、成品、燃料和原材料仓库或露天堆场以及运输设施。

（5）行政建筑：厂部办公楼、传达室等。

（6）生活建筑：宿舍、餐厅、托儿所、医务室等。

第三节　服装厂总平面布置实例分析

一、小型服装厂总平面布置实例分析

1. 平面布置图(图2-15)

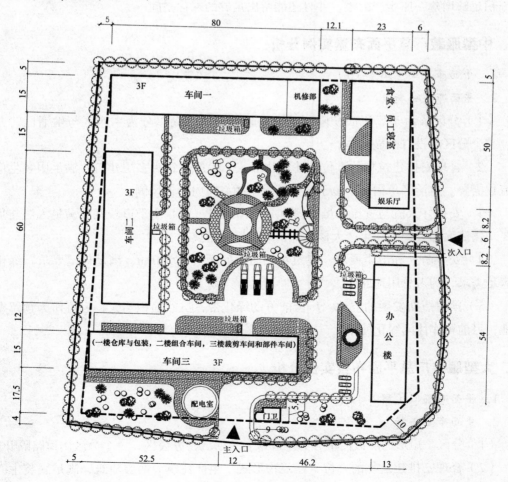

图2-15　小型服装厂平面布置

2. 平面布置分析

（1）分区。分区合理，生产区与生活区、办公区用绿化带隔开。

（2）合理安排建筑物的方位、建筑物形式。建筑种类包括生产建筑、动力建筑、辅助建筑、行政建筑、生活建筑。均采用多层结构，节约土地面积。生产建筑有三层，仓库建筑包括在生产建筑之中。一层为仓库，二层为组合车间和熨烫车间，三层为部件车间和裁剪车间。如果厂房的单层面积不够大，可以分为四层或者五层的多层厂房设计，把裁剪车间和熨烫车间单独分为一层。服装机械的占地空间不大，空间高度不高，因此可以采用多层建筑的厂房。从上而下的车间安排，符合生产流程的要求，便于成品、半成品的运输。

（3）安排好人流与货流。人流、货流分开，使用两个出入口。物流大部分集中在生产大楼内部，减少运输距离。

（4）安全防火和卫生要求。建筑物间防火间距10m以上。绿化面积大，占总用地50%左右。

（5）预留短期发展的空地。厂区中间的大面积绿化带，可作为短期发展所用。中间的面积足够增建一座生产大楼，并且还能留出足够的绿化空间。

二、中型服装厂总平面布置实例分析

1. 平面布置图（图2-16）

2. 平面布置分析

（1）分区。由于厂区面积限制，没有较细分区。简单分为生产区与生活区、办公区，三个分区间没有明显间隔。

（2）合理安排建筑物的方位、建筑物形式。生产建筑为多层建筑，满足服装生产工艺流程需要。生活区（宿舍）位于区全年最小频率风向的上风侧。

（3）安排好人流与货流。虽然只有一个出入口，但是主干道较宽能满足人流与货流需要。物流大部分集中在生产大楼内部，减少运输距离。

（4）安全防火和卫生要求。建筑物间防火间距最小为10m，满足规范要求。绿化面积满足需求，约占总用地26%。

（5）预留短期发展的空地。厂区前方的绿化带，虽然面积不大，但可作为预留发展用地，目前可作休闲绿化使用。

三、大型服装厂总平面布置实例分析

1. 平面布置图（图2-17）

2. 平面布置分析

（1）分区。矩形的厂区简单分为生产区与生活区、办公区，三个分区用道路隔开。

（2）合理安排建筑物的方位、建筑物形式。生产建筑为两层建筑，满足服装生产工艺流程需要。

（3）安排好人流与货流。两条直干道，较宽的干道满足生产区货流需要；较窄的干道满足生活区、办公区人流需要。物流大部分集中在生产大楼内部，减少运输距离。

（4）安全防火和卫生要求。建筑物间防火间距最小为10m，满足规范要求。绿化面积满足需求，约占总用地30%。

（5）预留短期发展的空地。厂区前方的大面积绿化带，预留为综合楼，目前可作休闲绿化使用。

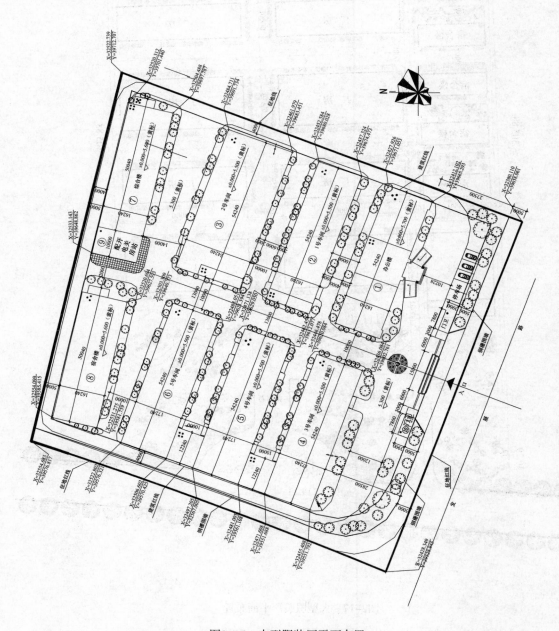

图2-16　中型服装厂平面布置

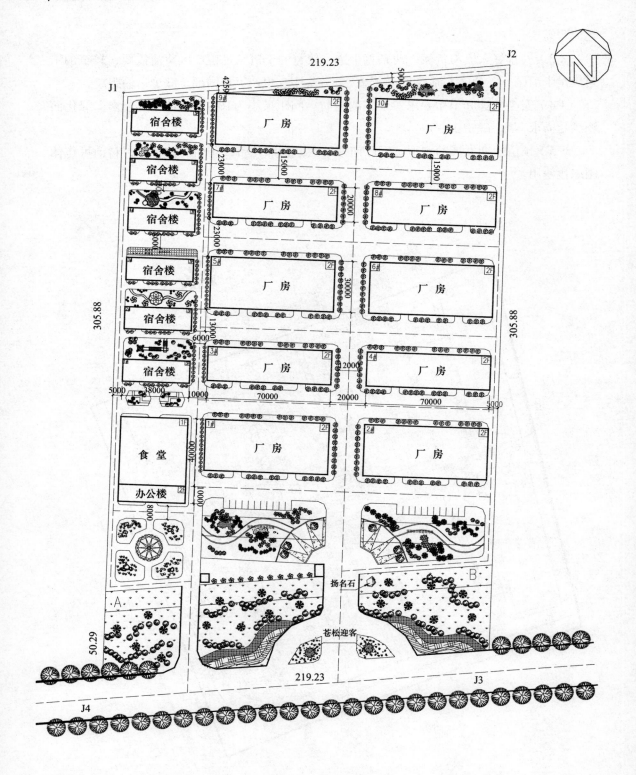

图2-17 大型服装厂平面布置

第四节　服装厂区平面布置绘制实例

一、某服装厂的平面布置图要求

使用AutoCAD绘制一个服装厂的平面布置图,比例1:1000。附设计说明书,包括绘画者设计考虑的各种因素。绘制要求如下:

(1)厂区面积20000平方米。

(2)厂区里的建筑物主要有以下。

① 钢筋混凝土结构:厂房(1个裁剪车间25m×50m、3个缝纫车间25m×50m、1个整烫车间25m×50m、1个整烫车间25m×60m、2个仓库25m×50m、1个仓库25m×60m)。

② 砖混结构:1个办公楼(三楼)20m×30m、1个食堂(二楼)25m×30m、1个宿舍楼(四楼)20m×30m、配电室5m×5m、空压站5m×5m。

(3)厂区道路:16m宽以上的主干道,保证运输,次干道8m以上。

(4)厂门:2个以上。

(5)绿化率:占总用地40%左右。

(6)预留地:占总用地10%以上。

(7)其他:自行设计需要的建筑(包括停车场、休闲区、医疗区、育儿区等)。

二、服装厂区平面布置图一

(1)不能满足生产工艺要求:虽然是多层建筑,但是在每栋楼里面没有形成一个独立的生产流程。物流需要在厂房一、厂房二、厂房三之间流动,增加货流线长度,不利于生产。

(2)生活区(宿舍)要位于厂区全年最小频率风向的上风侧最佳,此图位于全年最小频率风向的下风侧。服装厂生产区没有太大污染,这个布置位置可以,但不是最佳位置。

(3)其他布置基本满足题目要求,见图2-18。

三、服装厂区平面布置图二

(1)满足生产工艺要求:虽然在每栋楼里面没有形成一个独立的生产流程,但是通过天桥把两栋楼连接,在两栋楼内部形成了完整的生产工艺流程,满足生产需要。

(2)生活区(宿舍)要位于厂区全年最小频率风向的上风侧最佳,此图位于全年最小频率风向的下风侧。服装厂生产区没有太大污染,这个布置位置可以,但不是最佳位置。

(3)其他布置基本满足题目要求,见图2-19。

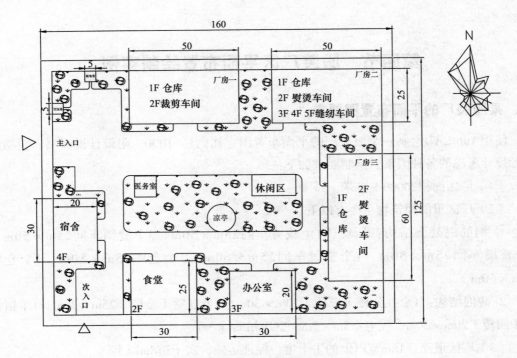

图2-18 服装厂平面布置（1）

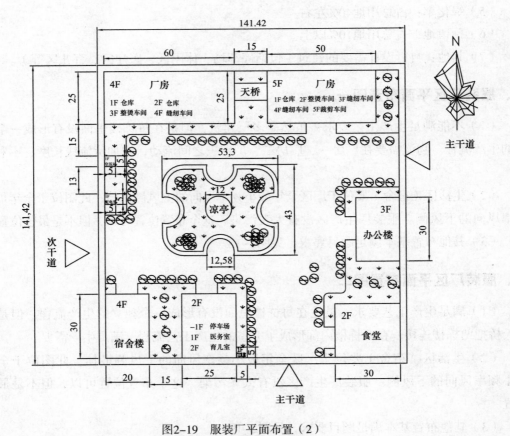

图2-19 服装厂平面布置（2）

本章小结

■服装厂的厂址选择和总平面布置十分重要，影响服装厂投产运营后的经济效益和社会效益。

■服装厂的厂址选择和总平面布置涉及许多方面的内容，例如土建、地勘、气象、城市规划等，这些内容需要做详细的前期调研，还需要根据企业的实际情况，按照设计原则与方法，合理地选址和布置。

思考题

1. 新建一个服装厂，在选址时需要遵循哪些原则？
2. 什么是层次分析法？
3. 层次分析法的主要步骤有哪些？
4. 自己设计一个服装厂，做此厂的厂区平面布置图。

第二部分 生产线设计

服装产品方案设计

教学内容：服装产品方案的编制
  产品方案实例分析

课程时间：2课时

教学目的：1. 了解服装厂建厂前的产品方案编制的重要性。

  2. 掌握服装厂产品方案编制的内容与方法。

教学方法：教师讲授理论、分析实例和学生讨论相结合。

教学要求：1. 通过讲授与实例分析，让学生充分了解服装厂产品方案的主要内容。

  2. 通过课堂和课后练习，让学生掌握服装厂产品方案编制的主要方法和工艺单的制作方法。

第三章　服装产品方案设计

第一节　服装产品方案的编制

一、产品方案定义

产品方案是指所设计工厂或车间拟生产产品名称、品种、规格、状态及年计划产量。表3-1为某中型男装厂产品方案。

产品方案一般在设计任务书中加以规定，或者由设计者深入实际调查统计提出方案，然后经主管部门批准确定。产品方案是进行工厂设计的主要依据，根据产品方案可以选择设备与生产工艺。

表3-1　某中型男装厂产品方案

产品种类	产量比例	年产量
西服	10%	20万件
衬衣	45%	90万件
西裤	45%	90万件

二、服装产品方案编制的依据

（一）服装厂的经营模式与规模

服装厂的经营模式大致分为三种：加工型企业、品牌经营企业和两者兼营企业。加工型企业一般规模较大，生产线较为固定，产品较为单一；品牌经营企业，尤其是女装品牌经营企业，产品种类多，款式变化大，能生产相关类型的几类产品。不同的经营模式需要不同的产品方案，才能与企业定位和发展相平衡。

（二）企业生产的技术能力

一个企业的生产技术能力是生产产品的决定性因素，产品方案编制时必须全面衡量企业生产的技术能力。女装厂需要大量打板师，生产管理技术要求高；男装厂需要先进工艺技术，管理人员与打板师相对固定。不同的企业生产的技术能力对应相关的产品方案，超出企业生产的技术能力之外的产品方案是不可行的。

（三）投资成本

投资成本决定企业的设备、原料、营运流动资金等，使得产品方案受限制。企业的投资成本还直接决定技术资源、生产设备等关键因素。小型的女装企业由于投资较小，生产设备不能满足男西服等工艺要求高的产品生产。

三、计算产品的选择

服装厂或者车间拟生产的产品品种、规格及款式很多。但是，在设计中不可能对每一款服装的产品品种、规格都进行详细的工艺计算。为减少设计工作量，加快进度，同时又不影响整个设计质量，可以将各种服装产品进行分类编组，从中选择典型产品作为计算产品。计算产品的选择需要遵循以下原则：

1. 具有代表性

将所有的各类产品进行分类编组，从每组中找出一至几种产品，产量较大，款式为基本款，工艺特点有代表性。因此，整个服装厂可以从生产的服装品种中找出几种产品，作为计算产品，这些计算产品必须在品种、规格、产量、工艺特点等方面有代表性。例如，男西服车间的计算产品选择，就应该选一款中间号型170/92A基本款式的西服，并且这款西服要具备生产线上的主要工艺特点，如双线开袋、装饰线缝合领底呢、驳头有珠针装饰等。

2. 通过所有工序

所选的计算产品要通过各工序，但不是说每一种计算产品都要通过各工序，而是对所有的计算产品综合来看的。对于服装厂而言，计算产品应该在生产中使用到流水线上几乎所有的设备（特殊装饰设备除外）。

3. 计算产品要留有一定的调整余量

根据计算产品进行工艺计算，选择设备。确定工艺、车间人力与物力的消耗、技术经济指标等获得的结果，应该与按所有品种进行设计和投产后的实际结果相一致或相接近。因此，编制产品方案、确定计算产品及其产量分配乃是工艺设计中的主导。

四、产品标准

国家有关部门根据产品使用上的技术要求和生产部门可能达到的技术水平，而制定了产品标准。按照指定的权限与使用范围不同，产品标准可以分为国家标准（GB）、行业标准（FZ）、企业标准（Q）和国际标准（ISO）等。如果服装厂是外贸型企业，服装产品就应该执行国外标准。

（一）国家标准

国家标准分为强制性国标（GB）和推荐性国标（GB/T）。国家标准的编号由国家标准的代号、国家标准发布的顺序号和国家标准发布的年号（发布年份）构成。强制性国标是保障人体健康、人身、财产安全的标准和法律及行政法规规定强制执行的国家标准；推荐性国标是指生产、检验、使用等方面，通过经济手段或市场调节而自愿采用的国家标准。但推荐性国标一经接受并采用，或各方商定同意纳入经济合同中，就成为各方必须共同遵守的技术依据，具有法律上的约束性。现行的服装国家标准有很多，例如：

GB/T 1335.1—2008 服装号型 男子；

GB/T 1335.2—2008 服装号型 女子；

GB/T 1335.3—2009 服装号型 儿童；

GB/T 14272—2002 羽绒服装；

GB/T 15557—2008 服装术语；

GB/T 16160—2008 服装用人体测量的部位与方法；

GB/T 18136—2008 交流高压静电防护服装及试验方法。

（二）行业标准

由我国各主管部、委（局）批准发布，在该部门范围内统一使用的标准，称为行业标准。在全国某个行业范围内统一的标准。行业标准由国务院有关行政主管部门制定，并报经国务院标准化行政主管部门备案。当同一内容的国家标准公布后，则该内容的行业标准即行废止。行业标准分为强制性标准和推荐性标准。推荐性行业标准的代号是在强制性行业标准代号后面加"/T"。现行的服装行业标准有很多，例如：

FZ/T 80002—2008 服装标志、包装、运输和贮存；

FZ/T 80003—2006 纺织品和服装缝纫形式分类和术语；

FZ/T 80004—2006 服装成品出厂检验规则；

FZ/T 80009—2004 服装制图；

FZ/T 80010—2007 服装用人体头围测量方法与帽子尺寸代号标示。

（三）企业标准

企业标准是对企业范围内需要协调、统一的技术要求、管理要求和工作要求所制定的标准。企业标准由企业制定，由企业法人代表或法人代表授权的主管领导批准、发布。企业标准一般以"Q"作为企业标准的开头。一般而言，企业标准要求会高于国家标准和行业标准。

（四）国际标准

国际标准是指国际标准化组织（ISO）、国际电工委员会（IEC）和国际电信联盟（ITU）制定的标准，以及国际标准化组织确认并公布的其他国际组织制定的标准。国际标准在世界范围内统一使用。

　　我国服装标准化对应国际标准化组织是服装尺码体系和设计委员会，全名为Sizing Systems and Designations for Clothes，是通过人体测量获得的尺寸系统来设计服装尺码体系。2011年中国正式成为服装尺码体系和设计委员会联合秘书处，并有效推动该技术委员会标准化工作的运转，在范围上各成员国建议扩大服装尺码体系和设计委员会工作范围，补充服装尺寸测量方法，扩大为"Sizing Systems and Designations for Clothes and Clothes Size Measurement Methods"。国际标准化组织的服装标准例如：

　　ISO 3635—1981 服装尺寸—定义和人体测量程序；

　　ISO 3636—1977 服装尺寸系统和代号—男成人和男童外衣；

　　ISO 3637—1977 服装尺寸系统和代号—女成人和女童外衣；

　　ISO 3638—1977 服装尺寸系统和代号—婴儿服装；

　　ISO 4415—1981 服装尺寸系统和代号—男成人与男童内衣；

　　ISO 4416—1981 服装尺寸系统和代号—女成人和女童内衣。

（五）国外标准

1. 美国材料与试验协会（ASTM）

　　英文全称为American Society for Testing and Materials。ASTM是美国最老、最大的非赢利性的标准学术团体之一，其主要任务是制定材料、产品、系统和服务等领域的特性和性能标准，试验方法和程序标准，促进有关知识的发展和推广。

2. 欧盟（EN）

　　欧委会和理事会指导欧洲技术标准化体系的建立和完善，而且也引导欧洲标准化由区域化向国际化的发展。

3. 英国标准学会（BSI）

　　英文全称为British Standards Institution，是世界上第一个国家标准化机构，其宗旨是协调生产者与用户之间关系，解决供与求矛盾，改进生产技术和原材料，实现标准化和简化，避免时间和材料的浪费；根据需要和可能，制定和修订英国标准，并促进其贯彻执行；以学会名义，对各种标准进行登记，并颁发许可证；必要时采取各种措施，保护学会的宗旨和利益。

4. 日本工业标准委员会（JIS）

　　英文全称为Japanese Industrial Standards，JIS是日本工业标准委员会的简称，JIS的制定对象是矿业品及工业制品。该组织是日本官方机构。

五、产品工艺技术

　　服装生产工艺技术文件是生产指导性文件，规定了服装生产中的具体技术要求。针对具体的生产产品，制作服装工艺单。具体的工艺单格式见图3-1。

　　工艺单主要包括以下具体内容：

1. 款式图

（1）将服装效果图标识出来，要求有正、反面。

（2）要注意细节部位与样衣相符，不得有出入。

（3）右上角处应标明：款号、尺码、长度单位、产品安全类别（根据具体产品而定）。

2. 面料信息

（1）货料型号、型号简称、单位、幅宽：根据设计师编制的"商品材料配量估价表"，详细信息由采购部注册。

（2）用量：依据"商品材料配量估价表"中工艺师（排料人员）提供的单耗量。

（3）备注栏：填写面料的用途。

3. 辅料信息

（1）货料型号、型号简称、单位、幅宽：根据设计师编制的"商品材料配量估价表"，详细信息由采购部注册。

（2）辅料应按样衣审核"商品材料配量估价表"的用量。

（3）备注栏填写辅料使用部位。

4. 尺寸信息

（1）公差的确定要符合款式的要求。

（2）跳档尺寸符合规定。

（3）尺寸信息详尽。

5. 缝制工艺要求

包括了裁剪要求、缝份要求、针距要求、缝线要求、缝迹的选用等。

6. 后整理工艺要求

包括了整烫、整理、包装等环节的技术要求。

供应商：		款号：		品名：大衣		
执行标准：GB/T2664—2009；			GB18401—2010/C类			
货号：		下单日期：				

名称/规格	165 / 84A	170 / 88A	175 / 92A	180 / 96A	185 / 100A	190 / 104A	公差
	44	46	48	50	52	54	
后中长	77	79	81	83	85	87	±1
肩宽	45.4	46.6	47.8	49	50.2	51.4	± 0.5
胸围	102	106	110	114	118	122	± 1.5
腰围	92	96	100	104	108	112	± 1.5
摆围	106	110	114	118	122	126	± 1.5
袖长	59	60.5	62	63.5	65	66	± 0.5
袖口1/2	13.5	14	14.5	15	15.5	16	± 0.3

成品尺寸（cm）

前　后　片（工艺图）

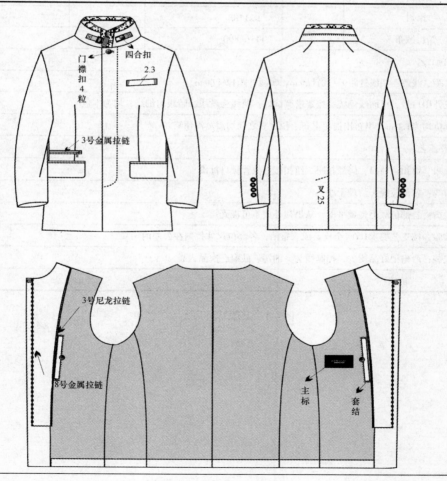

图3-1

辅 料			
名 称	规 格 货 号	数 量	备 注
主 标	11281202470	1枚	
水洗标	11281201520	1枚	
大纽扣		4+1粒	
小纽扣		10+1粒	
领四合扣	直径1.5cm	1粒	
8号金属拉链		1条	
3号尼龙拉链		2条	
3号口袋拉链	金属	1条	
黏合衬	C1002		
面 料			
名 称	规 格 货 号	数 量	备 注
主面料	A23468890		
里料	B21188		
领口绒布	11168890		

一、缝制工艺

（1）针距、线迹：明线针距9～10针/3cm；暗线针距12针/3cm

（2）机针用11号；里面线迹统一按要求调试好，明线为丝线、暗线为细线，均为本色

（3）缝位均为1.2cm；里布用提花里布。拉链装之前均需蒸汽预缩

二、后整工艺

（1）锁眼、钉扣：袖口、门襟扣眼、纽扣按板位置锁订标准

（2）剪线：各部位线头清理干净

（3）大烫：各部位顺毛整烫平服，从里往外烫不可极光

（4）检验：按工艺要求100%全检，成衣整洁，各部位尺寸控制在公差内

（5）包装：严格把好品质关，控制线头、油污、破痕、次品入袋

工艺：　　　审核：

图3-1　某服装公司大衣工艺单

第二节　产品方案实例分析

一、产品方案选择

某小型男衬衣厂，一条衬衣生产流水线，其编制的产品方案设计，见表3-2。

表 3-2　某小型男衬衣厂产品方案

产品品种	产量比例	年产量
正装衬衣	50%	100000件
休闲衬衣	25%	50000件
时装衬衣	25%	50000件

二、计算产品的选择

产品方案中有三种产品，选择一款最具代表性的基本款式作为计算产品，其具体的平面款式图见图3-2。这款计算产品，包含了衬衣生产线的所有工艺特点：两片翻领、过肩、前贴袋、右折边为门襟、左绲门襟缉双明线、宝剑头袖开衩、埋夹缝袖窿与侧缝。

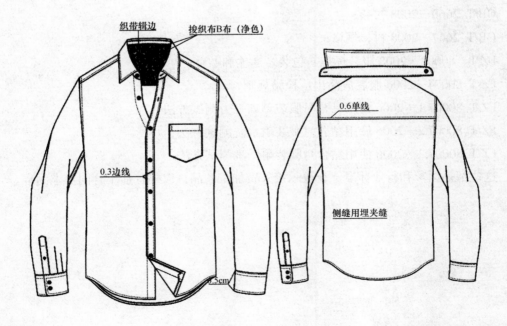

图3-2　计算产品平面款式图

计算产品的生产成本计算表，见表3-3。

表 3-3 计算产品成本计算表

项目		材料型号	用量	金额（元）
材料费	面A布	M1023	1.4m	25.2
	里B布	M2051	0.2m	6.8
	织带配饰	Z22	0.3m	1.2
	扣子A	WA205	11颗	5.5
	扣子B	WA102	2颗	0.4
	领衬	LC299	0.1m	1.2
	无纺衬	WC01	0.05m	0.2
	唛头与商标	AQ11	1套	0.5
加工费		—	—	14.8
管理费		—	—	3.4
总成本			59.2	

三、产品技术标准

设计的小型男装厂，预备实行的产品技术标准以下：

GB/T 1335.1—2008 服装号型 男子；

GB/T 2660—2008 衬衫；

GB/T 2667—2008 衬衫规格；

FZ/T 80002—2008 服装标志、包装、运输和贮存；

FZ/T 80004—2006 服装成品出厂检验规则；

FZ/T 80007.1—2006 使用黏合衬服装剥离强力测试方法；

FZ/T 80007.2—2006 使用黏合衬服装耐水洗测试方法；

FZ/T 80007.3—2006 使用黏合衬服装耐干洗测试方法；

这些都是国家和行业标准，企业承接外贸加工商品，以外贸加工合同要求为准。

四、生产工艺单（图3-3）

款号	NA133341	合同号	—	品名	男衬衣
数量	—	执行标准	见附件1技术标准		
交货期	—				

款式图

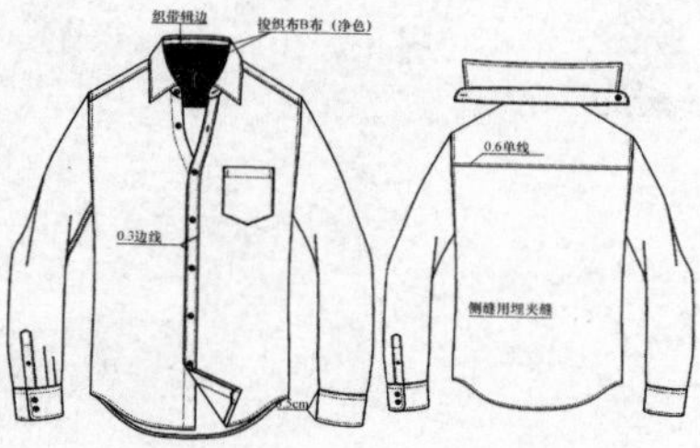

部位	规格 S	规格 M	规格 L	规格 XL	公差（cm）
衣长		76			± 1
胸围		108			± 1.5
领围		40			± 0.2
肩宽		44			± 0.5
袖长		60			± 1.5
袖口		25			± 0.3

辅 料

名 称	规 格 货 号	数 量	备 注
织带配饰	Z22	0.3m	—
扣子A	WA205	11颗	—
扣子B	WA102	2颗	—
领衬	LC299	0.1m	—
无纺衬	WC01	0.05m	—
唛头与商标	AQ11	1套	—

面 料

名 称	规 格 货 号	数 量	备 注
面A布	M1023	1.4m	—
里B布	M2051	0.2m	—

主要工艺要求

裁剪工艺		无倒顺
缝纫工艺	针距密度	14针/3cm
	缝份	0.8cm、1.6cm、1cm
	锁眼钉扣	袖口、门襟扣眼，纽扣按板位置准确
	左胸贴袋	0.1cm
	门襟	明线宽3cm
	袖窿与侧缝	用链缝机埋夹缝
整烫工艺		不可出现极光，成品垫布整烫

工艺单制作	—	审核	—	日期	—

图3-3 男衬衣（计算产品）生产工艺单

本章小结

■产品方案编制主要包括计算产品的选择、产品标准选择、产品工艺技术制定三方面的主要内容。

■生产工艺单是服装生产工艺技术文件，规定了服装生产中的具体技术要求。针对具体的生产产品，必须制作服装生产工艺单。

思考题

1. 服装产品方案主要包括哪些内容？

2. 自己设计一款服装，制作此款服装的生产工艺单。

服装厂的设备配置

教学内容：服装厂主要生产设备

服装厂的流水线设备配置

课程时间：6课时

教学目的：1. 了解服装厂的主要生产设备。

2. 掌握男装、女装、针织服装、羽绒服这四类服装厂的主要设备配置。

3. 掌握设备配置的主要方法。

教学方法：教师讲授、案例分析、学生讨论结合。

教学要求：1. 通过讲授让学生了解服装厂的主要生产设备与设备配置原则。

2. 通过实例让学生掌握各种服装厂的主流设备配置。

3. 通过课堂、课后练习，让学生掌握流水线设备配置方法。

第四章　服装厂的设备配置

第一节　服装厂主要生产设备

一、服装厂生产设备选择原则

1. 技术先进，经济合理

选择的设备必须同工厂的生产规模相适应，并且能够满足生产工艺要求，确保产品质量。在选择加工设备时，首先应坚持选用连续化和自动化程度较高的设备，以降低工人的劳动强度和提高劳动生产率。然而越是先进的设备，购买成本越高，维修成本也越高。因此，立足工厂实际，选择性价比高的设备。

2. 性能可靠

在选择设备时，尤其是一些关键设备，必须选用经过技术鉴定和生产实践考验合格的设备。避免选用那些技术上不够成熟或未经技术鉴定和生产考验的设备，以确保工厂建成后，一次试产成功。

3. 维修与管理方便

选择设备的生产厂家时，要考虑到售后的维修服务。例如，有些国外大品牌的特殊生产设备性能好，但是在服装厂的附近没有维修售后点和配件服务，这样不便于服装厂的日常生产管理。

二、主要生产设备分类

服装设备的种类很多，根据这些设备在服装加工过程中的用途，可以划分为CAD系统、裁剪、黏合、缝纫、特殊缝饰、锁钉、熨烫、检验包装、辅助和输送设备等。

（一）CAD系统

服装CAD（Computer Aided Design）系统为辅助设计设备，由硬件系统和软件系统两部分组成。硬件系统包括工作站（计算机）、绘图机、数字化扫描仪、打印机等；软件系统包括款式设计系统、纸样设计系统、样片放码系统、排料系统等。

数字化扫描仪连接CAD系统，能把1∶1的纸样转化为CAD数据；喷墨绘图机可以1∶1打印CAD的纸样、排料图等，但纸样需要人工裁剪；服装CAD平板切绘机可以在打印1∶1纸样的同时切割纸样，见图4-1～图4-3。

图4-1 数字化扫描仪

图4-2 喷墨绘图机

图4-3 服装CAD平板切绘机

（二）裁剪设备

服装裁剪工程也就是缝制的准备工程。此过程中所用的生产设备，都应包含在裁剪设备范围之内。目前，成衣生产常用的主要裁剪设备有验布机、预缩机、铺布机、裁床（自动裁床与普通裁床）、电动裁刀、钻孔机等。

1. 验布机

验布程序检验包括布面疵点、色差、色花、纬斜和幅宽等。使用验布机验布还可对缝料的实际长度进行复核，并且对边、回卷布于一体。选择验布机时主要考虑所用缝料的品种和缝料幅宽，可根据缝料特点选用不同系列的验布机，见图4-4。

图4-4 验布机与验布机验布

2. 预缩机

成衣质量要求高的缝料，一般在裁剪前都要进行预缩处理。目前在服装生产中，小型服装厂在裁剪时留出缩水量，不预缩面料；生产规模较大的服装厂多采用预缩机对缝料进行机械预缩整理。

带电脑的预缩机，可存储多个预缩程序并可任意无级调节和设定各种预缩参数（喷汽量、速度、加热温度等）；可选择面料在无张力状态下的退卷、进布；并且预缩后还能复码，见图4-5。

图4-5　电脑预缩机

3. 铺布机

裁剪前，布卷需要铺到裁剪台上。铺布有两种方式，分别为手动式铺布和自动式铺布。

手动式铺布机（图4-6）是利用人工手推（或电动机传动）推拉机器往返铺叠。

图4-6　手动式铺布机

自动式铺布机（图4-7）采用计算机控制，可自动调换布卷、拉布、自动理边和断料，并且具有自动记录铺叠长度和自动显示铺层数等多种功能。当铺布达到预定的铺层数时，机器自动停止作业。自动铺布机的无张力铺布装置，可以使每层布张力一样。

图4-7　自动铺布机

4. 裁台

又称裁剪台，也用作铺料台。目前使用的裁床主要有两种类型：一种是普通裁床（图4-8）；另一种是全自动裁床，也称自动裁剪系统。

图4-8　普通裁床

全自动裁床（图4-9）可以说是样板房与裁剪房的完美结合。这个相当完善的柔性化系统能够最大限度地活用各种CAD设计的服装数据。其高度集成自动化，能自动化完成打板、排料、铺布与裁剪的全过程。高技术的裁刀设计可以确保面料第一层与面料最后一层完全相同的裁剪质量。根据面料的不同特点，裁剪方案设定不同参数进行裁剪，从而大大提高裁剪效率，节省耗电。自动裁床的裁剪效率一般是手工裁床的4~5倍。

目前全自动裁床的生产厂家有美国格柏（Gerber）、德国拓卡奔马（Topcut bullmer）、美国派吉姆（PGM）等。

图4-9 全自动裁床

5. 裁剪机

成衣批量生产使用的裁剪机主要有三种类型：电动裁刀、带状裁剪机、冲压裁机。

电动裁刀根据电刀刀片的形状，分为直刀、圆刀、角刀等形式。直刀式电动裁刀（图4-10），采用垂直刀片，借助电动机传动做往复运动，对缝料进行裁切，常用于裁剪较大的衣片；圆刀式电动裁刀（图4-11），采用圆刀片，借电动机传动旋转裁切缝料，适宜裁剪外衣布料、装潢用布料、衬里布、针织物以及单件制作的裁剪；角刀式电动裁刀，外形类似圆刀式裁剪机，仅刀片形状呈钝角圆周形、波形或牙形，这种刀片适宜裁剪易熔融的材料，如化纤布、人造革和塑料薄膜等。

图4-10　直刀式电动裁刀

图4-11　圆刀式电动裁刀

带状裁剪机（图4-12），又称带锯式裁剪机，采用一条环状带刀，借电动机传动做高速回转，刀刃部分做上下运动切割缝料，主要用于精确裁剪弯曲度大的裁片及小裁片，用于裁片尺寸的精修，比如衣领、口袋、袋盖等小衣片或零料的裁剪。

冲压裁剪机，多用于冲裁小衣片，如衣领、衣袋、袋盖和滚条等。裁片外形准确，尺寸一致，裁切效率较高。冲模一般用硬质合金制作，冲模的刀口（图4-13）按衣片尺寸加缝边的外形尺寸加工，通常采用液压控制冲切压力。

图4-12　带状裁剪机

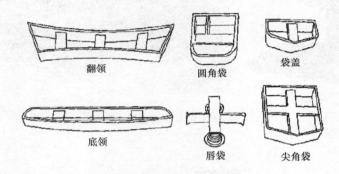

翻领　　　　　　圆角袋　　　　　袋盖

底领　　　　　　唇袋　　　　　尖角袋

图4-13　各种冲模刀口

（三）黏合设备

　　黏合机又称压烫机，是成衣生产中用于压烫热熔黏合衬的专用设备，如压烫领衬、胸衬、门襟衬、袖口衬、袋口衬及肩襻衬等。由于黏合机的种类较多，在选用时要求黏合机的温度、压力和时间的调节范围以及冷却方式，均应适合产品加工要求。

　　目前，常用的黏合机按其加压方式可分成两种类型：平压式黏合机（图4-14）和辊压式黏合机（图4-15）。两种黏合机的区别见表4-1。

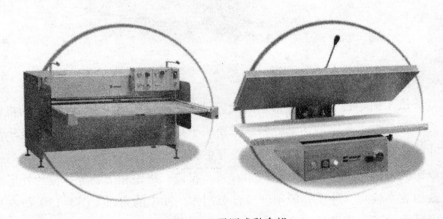

图4-14　平压式黏合机

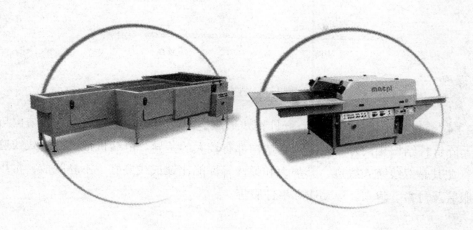

图4-15　辊压式黏合机

表 4-1　平压式黏合机与辊压式黏合机的区别

	平压式黏合机	辊压式黏合机
工作方式	间歇式	连续式
加热方式	静态，直接加热	动态，间接加热
加压方式	受压均匀	线形加压，长期使用后两端压力有差异
工作特点	加热与加压同步	先加热，后加压
操作要求	需要熟练工人	操作简单
运转调试	容易调试	调试复杂

（四）缝纫设备

各种类型的缝纫机械是服装缝制加工使用的主要设备，在服装行业已有多年的应用历史。随着服装工业的迅速发展，服装面料和服饰品种的不断开发，市场对成衣质量和交货期要求的日益提高，大大推动了缝纫设备制造业的发展。

1. 缝纫线迹

按照缝纫线迹不同，缝纫机主要分为以下几种：

（1）平缝机按其形成的线迹特点，又称为锁式线迹缝纫机。锁式线迹也叫平缝线迹（图4-16），国际标准代号为"300"。这种线迹结构简单，牢固且不易脱散，用线量少，缝料正反两面的线迹相同，使用方便。平缝机在服装加工中承担着拼、合、缉、纳等多种工序任务，安装不同的车缝辅件，就可以完成卷边、卷接、镶条等复杂的作业，所以它是服装生产中使用面广而量大的一个缝纫机种。

图4-16 平缝线迹

（2）链缝机属于用针杆挑线、弯针钩线形成链式线迹的工业缝纫机。其结构与平缝机相比，除针杆结构相同外，其余主要结构都有较大的差异。链缝机形成的链式线迹（图4-17），尤其是双线链式线迹，其强力和弹性等性能比锁式线迹好，不易脱散，常用于缝制针织服装及衬衫、睡衣、运动服和牛仔服等。

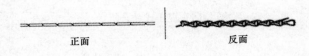

图4-17 链缝线迹

（3）包缝线迹有单线、双线（图4-18）、三线（图4-19）、四线（图4-20）和五线（图4-21）等种类。由于线迹形成方法及其成缝器的形式与平缝机不同，生产中不用频繁地更换梭芯，因此生产效率较平缝机高。

图4-18 双线包缝线迹

图4-19 三线包缝线迹

图4-20 四线包缝线迹

正面　　　　　　　　反面

图4-21　五线包缝线迹

（4）绷缝机是用两根或两根以上的面线和一根底线相互穿套而形成的绷缝线迹的工业缝纫机。绷缝线迹的国际标准代号为"600"。绷缝线迹（图4-22）强度高，拉伸性好，可防止缝料边缘脱散。若配有装饰线还可美化线迹外观。

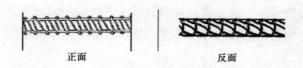

正面　　　　　　　　反面

图4-22　双针四线绷缝线迹

2. 送布牙送布方式

按照送布牙送布方式不同，缝纫机主要分为以下几种：

（1）下送布（bottom feed）的缝纫机。这是一种最为常见的送布方式。工作时压脚将面料压在缝纫机针板上，送布牙在送布机构的驱动下完成上升、送布、下降、回退（近似椭圆）的循环运动，推送面料实现送布。这种送布方式适于车缝中等厚薄的面料，对过厚或过薄的面料及多层面料缝纫，容易产生皱缩或移位，但由于结构简单，造价低廉，在一般缝纫机中仍被广泛地采用。

（2）针牙送布（bottom and needle feed）的缝纫机。这种送布方式的特点是机针刺入面料后和送布牙同步运动，共同实现送布。这种方式特别适合车缝粗厚面料和多层面料，可以有效地防止各面料间的错移。

（3）差动下送布（differential feed）的缝纫机。在针板下有两个分开传动的送布牙，沿缝纫方向分别装在机针前面和后面。送布牙的送布速度可单独调节，当车缝伸缩性大的面料时，可将后牙速度调得比前牙速度稍快，以达到推布缝纫的目的，防止面料被拉长；而在车缝轻薄面料时，可将后牙速度调得比前牙速度稍慢，形成拉布缝纫，防止面料形成皱缩，当需要在面料上缝出均匀的皱褶时，只需将后牙速度调得明显快于前牙速度即可。

（4）上下送布（bottom and top puller feed）的缝纫机。这是一种带牙送布压脚与下牙共同夹住面料的送布方式，可以使面料上下平衡输送，还可以防止线迹歪斜。

（5）上下差动送布（bottom and differential feed）的缝纫机。在这种送布方式中，类似压脚的上送布牙，也参与送布运动。上下送布牙的送布量均可单独进行调节，因此可以车缝任何不同性质的面料，既可上下同速，防止起皱，又可通过调节进行"缩缝"，如绱袖可使袖山部位产生少许的"缩缝"，所以绱袖机多采用这种送布方式。

（五）特殊缝饰设备

特殊缝饰设备是指供服装装饰和美化使用的专用缝纫设备。其中包括暗缝机、套结机、装饰用缝纫机、绣花机等。

1. 暗缝机

在服装生产中，缝制上衣下摆、大衣衣领、裤脚缲边以及纳驳头等作业，都要求在产品正面不能显露线迹，通常使用暗缝机来达到这些要求。

暗缝线迹大多属于单针单线链式线迹。暗缝机（图4-23）的针板开口和压脚间的距离都可以调，从而不同厚度的面料都可以进行暗缝。机器缝制的线迹只留在缝合的面料之间，从而在衣物的两面都不会见到这些暗缝线。弯针缝制时左右摆动按顺序穿透两边的面料，缝制的方向是和面料摆放的方向垂直，从而保证了缝合的精度。

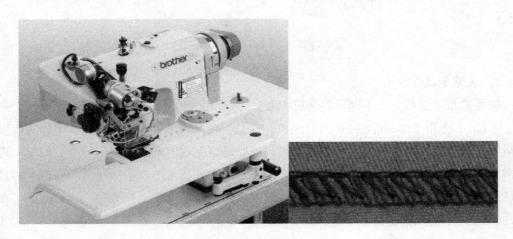

图4-23 暗缝机

2. 套结机

成衣生产中用于缝裤带环、钉商标签条或进行各种形式的打结，都要使用套结机。套结机（图4-24）起到服装受力部位加固缝制和圆头纽孔缝尾加固的作用。

图4-24 套结机

3. 装饰用缝纫机

装饰用缝纫机的机种很多，一般是指由特殊缝纫机或添加特殊装置的缝纫机缝出的具有可装饰性的线迹（特指电脑刺绣机无法实现的装饰性线迹）。常见的有电子花样机（图4-25）、曲折缝机（图4-26）、对丝机、珠边机（图4-27）、多针机、珠粒缝缝纫机、针打刺绣机、双色绳子花式机、"8"字缝花样机、拼缝花式机、鱼网形装饰缝纫机、贝形饰边包缝机、齿牙花边机等。

图4-25 电子花样机

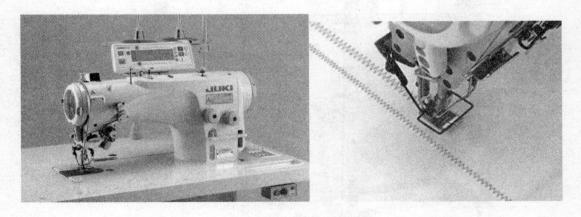

图4-26 曲折缝机

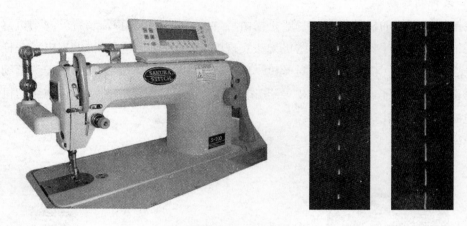

图4-27 珠边机

4. 绣花机

电脑绣花机（图4-28）其型号很多，不同型号的机头数（可分为单头和多头）和针距也不等，其中机头数最多的已达28头，机头间距从100mm到900mm不等，刺绣速度最高已达每分钟900针。绣花机功能除平绣外，有些还能进行卷绣、凸绣及花带绣。

选用绣花机时，应当考虑工厂的生产规模、产品品种、绣花范围和工艺要求，选用合适的绣花设备。

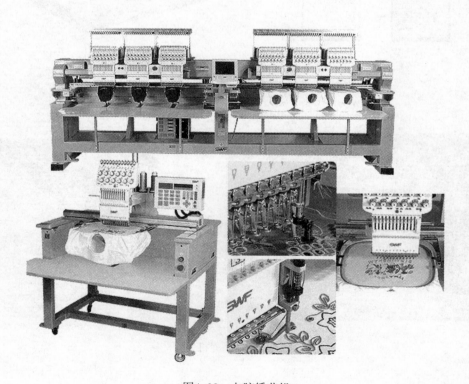

图4-28 电脑绣花机

（六）锁钉设备

锁钉设备包括锁眼机与钉扣机。

成衣缝锁纽孔要使用专用的锁眼缝纫机，根据缝锁纽孔的形状不同，锁眼机又分为平头锁眼机（图4-29）和圆头锁眼机（图4-30）两种类型。

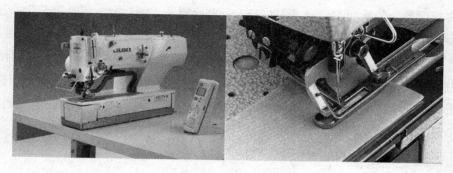

图4-29　平头锁眼机

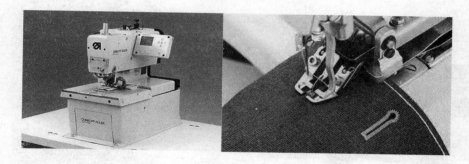

图4-30　圆头锁眼机

成衣钉扣使用钉扣机可以提高钉扣速度与钉扣质量。钉扣机（图4-31）是专用的自动缝纫机型，完成有规则形状纽扣的缝钉。最常用的是圆盘形二孔或四孔（又称平扣）纽扣的缝钉。通过各种专用钉扣机附件的替换，一台钉扣机可以缝钉带柄扣、金属扣、子母扣、缠脚扣、风纪扣等各类纽扣，用户可根据需要请设备供应商提供钉扣机的专用附件。有些钉扣机还带有自动送扣装置或实现全自动钉扣，明显提高了缝钉工作效率，降低了工人的劳动强度。

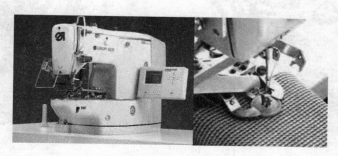

图4-31　钉扣机

（七）熨烫设备

熨烫设备是服装制作过程中达到给衣片或成衣消皱、塑型和整型目的而使用的设备。根据这些设备在服装加工过程中的作用，可分为中间熨烫设备和成衣熨烫设备。

（1）中间熨烫设备是在服装缝制过程中用于衣片或半制品的分缝、归拔和定型使用的各种熨烫设备。包括抽湿烫台（图4-32）、蒸汽熨斗（图4-33）以及服装生产过程中的熨烫定型设备，如压领机、领角定型机（图4-34）、烫袋机等。

（2）成衣熨烫设备，是缝制完成后用来对成衣进行熨烫整理的设备，可使成衣平整、挺括。使用烫衣机可节省人工和工时，提高烫衣工作效率。常用的烫衣机有模型烫衣机、人形烫衣机（图4-35）、立体烫衣机（图4-36）等。人形烫衣机有全身熨烫像模，高度可调节，在穿着成衣的状态下使之定型，立体效果好。

图4-32 抽湿烫台

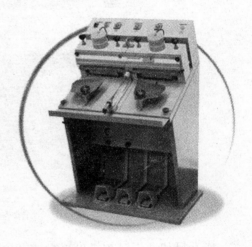

图4-33 蒸汽熨斗

图4-34 领角定型机

图4-35 人形烫衣机

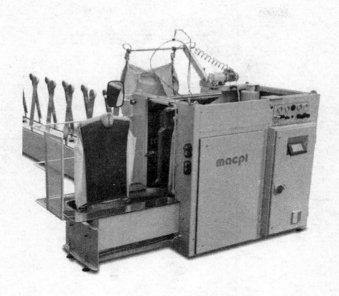

图4-36　立体烫衣机

（八）检验包装设备

成衣产品在出厂前，经检验合格方可进行包装。服装成品检验通常是人工操作，可以使用一些辅助设备来提高效率。例如，服装、运动鞋、毛绒玩具等商品在打包之前一定要经过验针机的断针检测。当通过验针机（图4-37）的商品有断针或含有铁金属之类的物质时，验针机是不允通过的，检测到含铁金属时验针机就会自动报警。

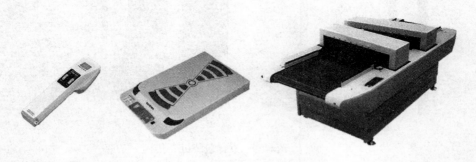

图4-37　验针机

成衣包装有多种形式，常用的有软包装（塑料薄膜袋包装）、硬包装（如纸盒或瓦楞纸箱包装）和立体包装（如集装箱）。选择成衣包装形式时，主要考虑产品的品种、档次、运输条件和客户要求等因素。新型衬衫折叠机（图4-38）和立体包装机（图4-39）就提高了包装效率。

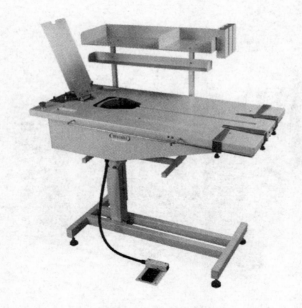

图4-38　衬衫折叠机

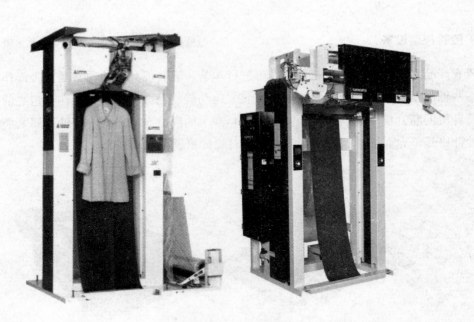

图4-39　立体包装机

（九）辅助设备

在成衣生产中，为保证熨烫设备正常运行所需的蒸汽和压力均由辅助设备提供。与熨烫机配套的辅助设备包括小型蒸汽发生器（图4-40）、真空泵（图4-41）和空气压缩机等。

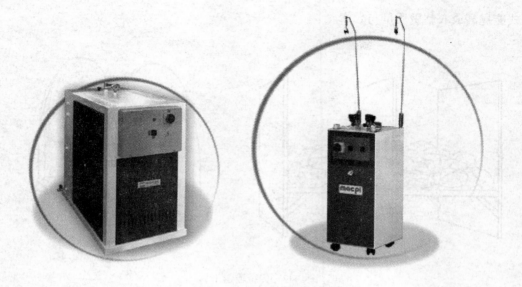

图4-40 小型蒸汽发生器

图4-41 真空泵

（十）运输设备

　　成衣生产的输送设备较多，有传统的堆放台与运输车，也有传送带（图4-42）。传统的运输方式依靠人工运输，适合小批量生产。

　　目前先进的运输系统有自动物料输送系统和吊挂传输系统：

　　（1）自动物料输送系统（图4-43）一般应用于整烫车间，传送系统上有许多挂杆，每个挂杆上挂放需要整烫的成衣。挂杆循环运动，使成衣通过系统上的每道工序。这样的方式能提高成衣整烫质量与效率。

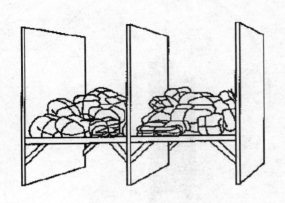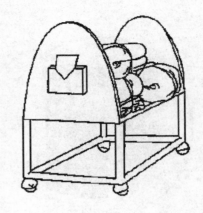

图4-42 传统输送工具

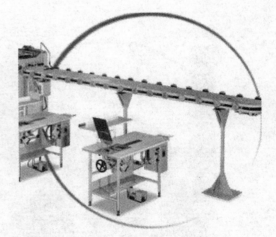

图4-43 自动物料输送系统

（2）吊挂传输系统（图4-44）贯穿应用于整个生产流程（衣片的缝合、成衣整烫和成衣仓储），连接每一道工序，每条轨道接口设计成自动接通和分开，不会造成各道工序之间的堵塞。克服了传统人工搬运方式费时费力的缺点，提高了生产效率，改善了车间环境。吊挂运输系统的基本理念是将整件衣服的裁片挂在衣架上，根据事先输入好的工序工段，自动送到下一道工序操作员手里，大幅度地减少搬运、绑扎、折叠等的非生产时间。当生产员工完成一个工序后，只需轻按控制钮，吊挂系统就自动地将衣架转送到下一个工序站。衣片、半制品或成衣被夹挂在专用的吊架上，由计算机或可编程序控制器控制，按照工艺要求自动认址传递，明显缩短了生产辅助工时，生产效率大大提高。

(a)

(b)

图4-44　吊挂传输系统

第二节　服装厂的流水线设备配置

一、女装厂生产线主要设备配置

女装厂的生产线主要设备有黏合机、平缝机、四线包缝机、单针链缝机、锁眼机、钉扣机（小型企业可以不用，采取人工钉扣）、抽风烫台、蒸汽熨斗等。女装厂需要配置的其他普通设备与上节介绍相同，此外还有两种特殊的设备如下：

1. 波边机

夏季薄料的女装，尤其是纱料的服装，多采用直接波边的工艺，既美观又比传统折边缝快捷。波边机为包缝机（图4-45），但是波边线迹比普通包缝的线迹紧密、线迹宽度小（图4-46）。

图4-45　波边机

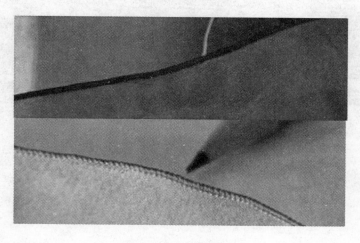

图4-46　波边线迹

2. 包边机

夏季的女裙在领口和袖口处，很多采用包边工艺（图4-47）。包边工艺可以选择专门的包边机，如高速自动包边机（图4-48），适合各种面料，可自动完成从包边到线辫剪线及缝料折叠等工序；也可以采用普通缝纫机上加附件（图4-49）完成。

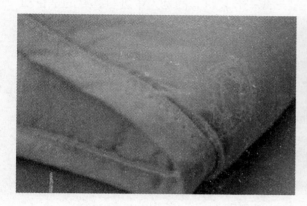

图4-47 包边工艺

图4-48 高速自动包边机

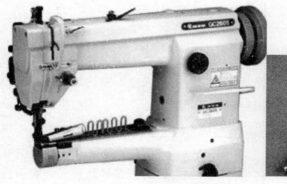

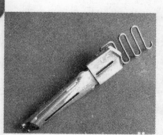

图4-49 包边附件

根据女装厂规模的大小，可以配置不同数量种类的特殊缝纫机。小型企业可以不配置特殊缝纫机，采取特殊工艺外加工方式；中型的女装企业可以配置暗缝机、打褶机等；大型的女装企业除此之外，还可以配备绣花机、曲折缝机、对丝机、珠边机、拼缝花式机等各种不同的特殊缝纫设备，来满足各类特殊工艺要求。

二、男装厂生产线主要设备配置

男装厂的生产线主要设备有连续式黏合机、单针平缝机（包括普通送布、上下送布、针牙送布）、四线与五线包缝机、单针与双针链缝机、暗缝机、曲折缝机、珠针机、圆头与平头锁眼机、钉扣机（尽量选择钉扣式样多的机型）、套结机、抽风烫台、蒸汽熨斗、压烫定型机等。男装厂需要配置的其他普通设备与上节介绍相同，此外还有几种特殊的设备如下：

1. 开袋机

男装的西服与西裤都需要开袋。开袋是工艺难度较高的一个工序，人工开袋质量参差不齐，一般男装厂都会选择用开袋机（图4-50）开袋。开袋机有的只有开一种形式袋的功能，有的具有计算机辅助可以变化很多开袋形式；开袋机有的是人工进料，有的是自动进料。

图4-50 开袋机

2. 缲袖机

西服的缲袖工序是最难的，即使是技术较好的工人也不能达到吃量均匀的缲袖品质。大型的服装企业都会使用缲袖机（图4-51）来完成这道工序。缲袖机是上下差动送布，一般都是计算机控制缩缝量，自动完成缲袖功能。

3. 裤带襻机

男装的裤子都需要缲裤带襻。裤带襻的缝制可以有很多种款式，一般而言可以用双针绷缝机（图4-52）；有的特殊造型裤带襻，可以用专业机器（图4-53）。

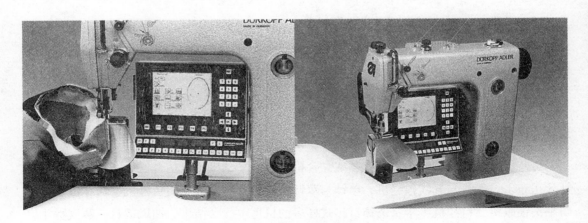

图4-51 缲袖机

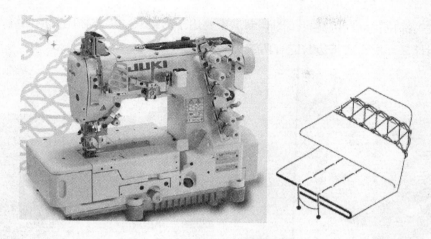

图4-52　双针绷缝机

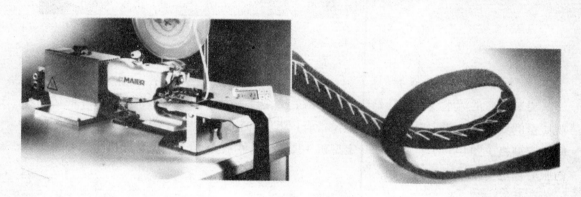

图4-53　裤带襻缝合机

4．双针缝纫机

男装有很多部位需要双明线装饰，例如衬衣的领、袖克夫、门襟等。一般大型的专业男装流水线，都需要配置双针缝纫机。双针平缝机（图4-54）主要用在男式衬衣的领、袖

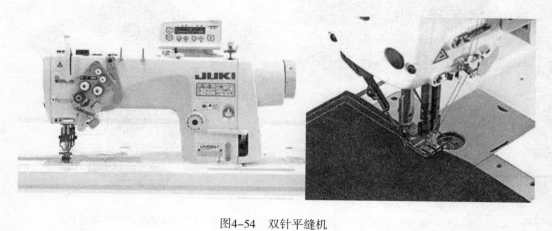

图4-54　双针平缝机

克夫、门襟等部位；双针链缝机（图4-55）主要用于男衬衣、男式休闲裤的侧缝，还可以配置缝纫附件，一次完成折边与缝合两道工序。

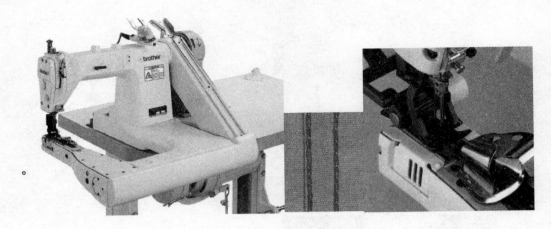

图4-55　双针链缝机

5. 专门的整烫定型设备

男装生产的流水线，尤其是西服流水线，必须配置专门的整烫定型设备，才能达到外观质量的要求。一般主要的整烫定型设备有：裤腿的整烫定型机（图4-56）、西服领面的归拢定型机（图4-57）、西服前身定型机（图4-58）、西服领子定型整烫机（图4-59）、西服肩袖定型整烫机（图4-60）等。

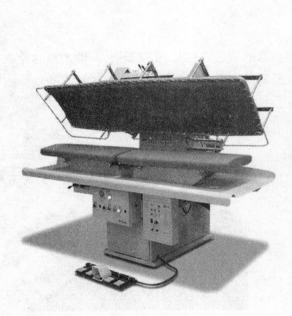

图4-56　裤腿的整烫定型机

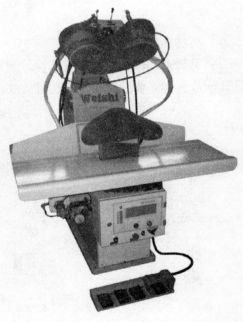

图4-57　西服领面的归拢定型机

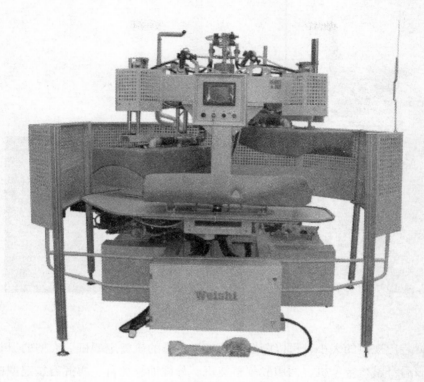

图4-58　西服前身定型机

图4-59　西服领子定型整烫机

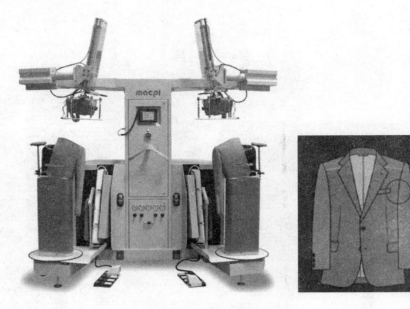

图4-60　西服肩袖定型整烫机

　　根据男装厂规模的大小，可以配置不同数量种类的压烫定型机。大型的男装企业还可以配置西服后身整烫定型机、西服驳领整烫机、分烫袖缝烫台、西裤后袋定型机、分烫裤内外侧缝烫台、衬衣袖山压烫机、衬衣领与袖克夫压烫机、衬衣领角与袖克夫定型机等专业的整烫设备。

三、针织服装厂生产线主要设备配置

1. 针织面料加工类服装厂设备

　　针织面料加工类服装厂除普通的薄料的平缝机、五线和四线包缝机、套结机、熨斗、烫台外，还需要拥有专业机器有三针与双针绷缝机（图4-61）、针织服装压烫定型机（图4-62）等。

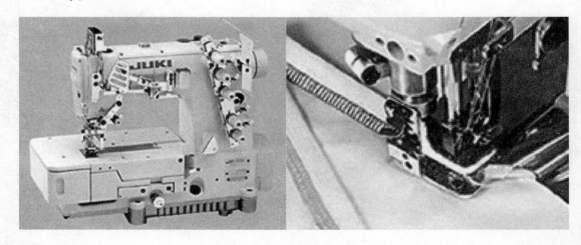

图4-61　绷缝机

图4-62　针织服装压烫定型机

2. 编制成型类服装厂设备

编制成型类服装厂必须除普通平缝机、包缝机、熨斗、烫台外，还必须拥有专业机器有圆机（图4-63）、横机（图4-64）、缝盘机（图4-65）等。

图4-63　圆机

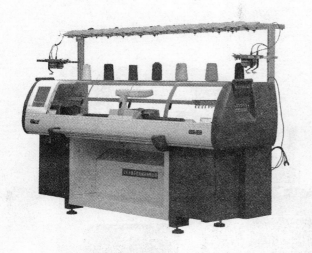

图4-64　横机

图4-65　缝盘机

四、羽绒服厂生产线主要设备配置

一般的羽绒服厂不需要配备洗绒车间，羽绒全部靠外购，因此羽绒服厂的专业设备不多。羽绒服厂生产线除了普通的黏合机、平缝机、包缝机、锁眼机、套结机、烫台、蒸汽熨斗外，还需要的专业设备有四合扣机（图4-66）、充绒机（图4-67）。小型的羽绒服厂，也可以不需要充绒机，只利用电子天平称重，手工充绒。

图4-66　四合扣机

图4-67　充绒机

五、牛仔服厂生产线主要设备配置

牛仔服厂有一些普通的常用设备，例如黏合机、烫台、蒸汽熨斗、圆头锁眼机、套结机、厚料平缝机、厚料包缝机、厚料单、双针链缝机外，还有一些是专用设备，例如洗水机（图4-68）、烘干机（图4-69）、牛仔喷砂机（图4-70）、牛仔压皱机（图4-71）、牛仔马骝机（图4-72）等。

图4-68　洗水机

图4-69　烘干机

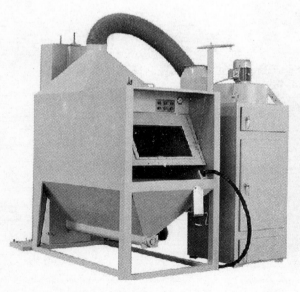

图4-70　牛仔喷砂机

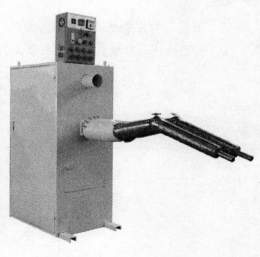

图4-71　牛仔压皱机

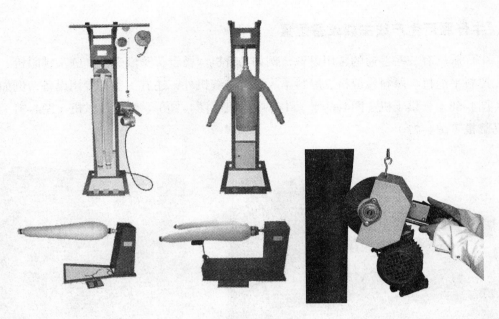

图4-72　牛仔马骝机

本章小结

■服装设备的种类很多，根据这些设备在服装加工过程中的用途，可以划分为CAD系统、裁剪、黏合、缝纫、特殊缝饰、锁钉、熨烫、检验包装、辅助和输送设备等。

■选择的设备必须同工厂的生产规模相适应，并且能够满足生产工艺要求，确保产品质量。因此配置设备要立足工厂实际，选择性价比高、性能稳定、容易维修的设备。

思考题

1. 服装厂的主要生产设备有哪些？

2. 自己设计一款服装，给这款服装的生产线配备主要的裁剪、缝纫、整烫设备。

工艺流程与工序分析

教学内容： 工艺流程

工序分析

课程时间： 4课时

教学目的： 1. 了解服装工艺流程设计的主要原则与任务。

2. 掌握服装厂工序分析的目的与分类。

3. 掌握工艺流程图、工序流程图的绘制方法。

教学方法： 教师讲授、案例分析、学生课堂实操结合。

教学要求： 1. 通过讲授让学生掌握服装工艺流程与工序分析的主要内容和方法。

2. 通过实例让学生掌握不同设备配置条件下工艺流程图、工序流程图的绘制方法。

第五章 工艺流程与工序分析

工艺设计是工厂设计的主要环节，是决定全局的关键。工艺设计的主要任务：确定生产方法、选择生产工艺流程；确定生产设备的类型、规格、数量，选取各项工艺参数及定额指标；确定劳动定员及生产班制；进行合理的车间工艺布置。从工艺技术上、生产设备上、劳动组织上保证设计厂投产后能正常生产，在产品的数量和质量上达到设计的要求。工艺设计的第一环，就是工艺流程与工序分析。

第一节 工艺流程

一、工艺流程设计原则

生产工艺流程反映了产品加工的步骤和顺序，它不仅是计算和确定设备种类和数量、车间劳动组织、人员定额和车间布置的基础，而且对投产以后的产品质量、产量和各项技术经济指标有直接的影响。为保证工艺流程编制，使设计方案在投产后，能收到预期技术经济效果，要遵循以下原则：

1. 先进性

先进性是一个综合性指标。它包括技术上的先进性和经济上的合理性。具体包括基建投资、产品成本、消耗定额和劳动生产率等方面的内容，应选择物料损耗小、循环量少、能量消耗少的生产方法。

2. 可靠性

可靠性是指服装厂所选择的技术和工艺要成熟。如果所选择的生产方法和采用的技术不成熟，就会影响服装厂正常生产，甚至不能投产，造成极大的浪费。因此，对于尚在试验阶段的新技术、新工艺、新设备应慎重对待。要防止只考虑新的一面，而忽视不成熟、不稳妥的一面。应坚持一切经过试验的原则，不允许把未来的生产厂当作试验工厂来进行设计。

3. 兼顾诸多因素

兼顾诸多因素是指不能只考虑技术上的先进性，还要考虑投资、用人及管理等诸多因素。一种技术的应用有长处，也有短处。必须采取全面分析对比的方法，并根据建设项目的具体要求，选择其中不仅对现在有利而且对将来也有利的工艺技术，竭力发挥有利的一面，设法减少不利的因素。比较时要仔细领会设计任务书提出的各项原则要求，要对收集到的资料进行加工整理，提炼出能够反映本质的、突出主要优缺点的数据材料，作为比较的依据。要经过全面分析、反复对比后选出优点较多、符合国情、切实可行的技术路线和工艺流程。

工艺流程设计是在确定原料路线和工艺技术路线的基础上进行的。由于在整个工艺流程设计中，设备选型、工艺计算、设备布置等工作都与工艺流程有直接关系。只有工艺流程确定后，其他各项工作才能开展，工艺流程设计涉及各个方面，而各个方面的变化又反过来影响工艺流程设计，甚至使工艺流程发生较大的变化。因此，工艺流程设计动手最早，又结束最晚。

二、服装厂工艺流程设计内容

工艺流程设计和车间布置设计是决定整个车间（装置）基本面貌的关键性的步骤，对设备设计和管路设计等单项设计也起着决定性的作用。服装厂工艺流程设计主要包括：

（1）确定生产流程中各个生产过程的具体内容、顺序和组合方式，达到用面辅料制成所需要的服装的目的。

（2）绘制工艺流程图，要求以图解的形式表示生产过程中，当面辅料经过各个单元操作过程制成服装时，物料或产品发生的变化及其流向，以及采用了哪些生产过程和设备，再进一步通过图解形式表示出生产工艺流程，并计量控制流程。

三、服装厂工艺流程图

工艺流程设计的成品通过图解形式（形象、具体）表示——工艺流程图（图5-1），它反映了生产由原料到产品的全部过程，物料的流向以及生产中所经历的工艺过程和使用的设备。工艺流程图集中地概括了整个生产过程的全貌。

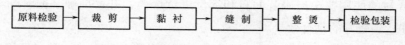

图5-1　服装厂生产工艺流程总图

1. 原料检验

把原料关是控制成品质量重要的一环。通过对进厂原料的检验和测定可有效地提高服装的正品率。原料分为面料与辅料两种。

（1）面料检验包括外观质量和内在质量两大方面。外观主要检验面料是否存在破损、污迹、织造疵点、色差等问题。经砂洗的面料还应注意是否存在砂道、死褶印、破裂等砂洗疵点。影响外观的疵点在检验中均需用标记注出，在剪裁时避开使用。面料的内在质量主要包括缩水率、色牢度和克重三项内容。在进行检验取样时，应剪取不同生产厂家生产的不同品种、不同颜色具有代表性的样品进行测试，以确保数据的准确度。

（2）辅料也要进行检验，例如松紧带缩水率、黏合衬黏合牢度、拉链顺滑程度等，对不符合要求的辅料不予投产使用。

2. 裁剪

裁剪前要先根据样板绘制出排料图，"完整、合理、节约"是排料的基本原则。

服装厂的裁剪工艺分为人工裁剪（图5-2）和专业拉布机与自动裁床的自动化裁剪两种（图5-3）。人工裁剪效率低，裁剪质量不高，但投资成本低；自动化裁剪效率高、质量好，但投资成本高。可根据服装厂具体情况，选择不同的裁剪工艺。

图5-2 人工裁剪工艺流程图

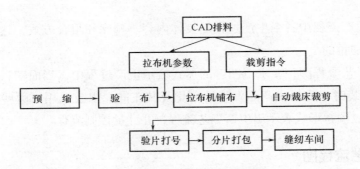

图5-3 自动化裁剪工艺流程图

3. 黏衬

黏合衬在服装加工中的应用较为普遍，其作用在于简化缝制工序，使服装品质均一，防止变形和起皱，并对服装造型起到一定的作用。其种类以无纺布、机织品、针织品为底布居多，黏合衬的使用要根据服装面料和部位进行选择，并要准确掌握时间、温度和压力，这样才能达到较好的黏合效果。

服装企业黏衬一般选择专业机器黏衬和手工熨斗黏衬两种方式。黏衬的机器设备种类很多，可以提高黏衬速度和黏合质量；手工熨斗黏衬一般用在局部缝合加固部位，为临时黏合作用。

4. 缝制

缝制是生产最主要的环节，流程最长，作业时间最长，生产人员和设备数量最多的环节，也是成本消耗量最大的工序。因此，管理好缝制工序，企业才能有效地进行生产和取得利润。缝制环节工艺流程图见图5-4。

5. 整烫

根据服装厂生产服装不同，整烫工序的要求有很大的差异。男西服的后整烫工序最多，

图5-4 缝制工艺流程图

最复杂，设备要求高；针织衫、T恤之类的服装，整烫工序简单，可以用熨斗手工整烫。

6. **辅助后整理**

经过缝制、整烫后的服装成品，通过辅助后整理，使外观平整美观，满足储存、运输和销售等各项要求，完成全部的服装生产过程。具体工艺流程见图5-5。

图5-5 辅助后整理流程图

第二节 工序分析

工序是构成分工的单元，它可以由几部分组成，也可以是分工上的最小单位。

工序分析是为在生产过程中掌握分工活动的实际状态，进行基本分析的一种方法。工序分析可明确现有的加工顺序和加工方法，并作为基础资料，进行工序的改进和完善。服装加工生产中，通过工序分析，可以根据作业性质、服装裁片部位及部位缝制的先后顺序等条件划分，以此确定每个工人的工作内容。

一、工序分析的目的

（1）明确产品加工工序的内容、顺序、时间及所用设备，使生产有条不紊，便于作业的指导和管理。

（2）提高工作效率，获得较高的产量。因服装制作过程被分解为不同工序而促进了设备和生产人员的专业化，这意味着生产人员可依靠其技能水平，完成不同熟练程度的工序，可以有效提高生产能力和产品质量。

（3）工序分析有利于生产线的平衡。在工序分析表中，明确地标出各工序加工内容、顺序、时间及所用设备，便于技术管理人员进行工序编制、生产计划与安排等工作。

（4）工序分析还提供了有关工作进度控制与生产改进的基本资料。

二、工序分类

根据不同的标准，工序可以分成许多种类。例如按照不同的性质，工序可分为工艺工序、检验工序和运输工序；按照构成要素，工序可分为最小工序、合成工序。最小工序是不可分的最小单位，例如缝袖边工序；合成工序为许多最小工序组合，例如绱袖工序。按照不同的生产方式，可以把工序分为如下两类：

1. 粗分工序

俗称小分科，又称为小流水生产形式。生产方式是把整个制作过程，按照成衣惯用生产程序，分成若干工序，每个工人只负责服装的某个部分的制作。制作的分工可根据机器设备区分，也可以按照服装的部件区分。工序拆分形式灵活多变，每道工序其实是一个组合工序，包含了几个甚至十几个最小工序。这样的工序流程适合款式变化多，批量小的服装厂。

图5-6是一款不挂里的紧身直筒裙的粗分工序流程图。整个制作过程由3个人完成，1个工人负责烫衬、制作腰片与后整烫；1个工人负责裙片的收省、绱拉链、开衩；1个工人负责缝合前后片、绱腰。

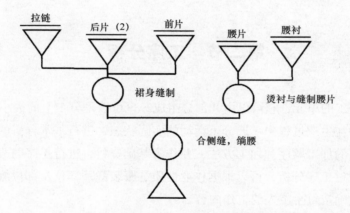

图5-6 不挂里的紧身直筒裙的粗分工序流程图

2. 细分工序

俗称"大分科"，也就是大流水生产形式。这样的生产是分工生产，但是工序拆分比小流水生产更细。每个工人都从事更专业的操作，机器和工具都是为特定的工序而设计的。

细分工序能有效地利用专业人员和设备，服装加工质量和生产效率较高；对工人的技能要求不高，工人可轻易地在短时间内掌握重复操作；分配任务时，根据款式、批量及传送条件，将服装各裁片分扎在一起，分别送至各支线的相应工位同时加工，再由主线合成。这样的工序流程适合于大批量，款式变化少的服装厂。

三、工序流程图

在服装生产中，工序单元的划分主要根据工厂的生产规模和产品品种及款式。对某个具体产品的工序分析，通常以工序流程图的形式反映出来。它反映某个产品的加工顺序、工序名称、作业时间和加工方法，也是合理组织服装流水生产的基础。按照使用的目的不同，有很多种工序图样式，服装厂运用最广泛的是组合型产品工序流程图。

1. **工序流程图符号**（表5-1）

表5-1 工序流程图符号

符号	使用说明
○	表示主要工序或常用的设备。在缝纫车间代表平缝机，在其他部门代表主要工序
◉(斜线)	表示特种工序专用的设备
◎	表示特种工序专用的设备或辅助工序。例如，缝纫车间的手工作业或小烫板，裁剪的辅助工序等
◎(斜线)	表示整烫车间所需要的专用设备
▽	表示进入作业的材料、辅料、零部件等
△	表示工序作业完成的标记
□	表示收发部门对产品加工以及产品数量上的验收
◇	表示生产产品在质量上的检查和验收

2. **细分工序流程图绘制的基本原则**

（1）每个部件用"▽"表示开始，按工序流程绘制部件的加工工序记号，用"△"表示工序结束。

（2）整个生产过程的工序流程图用垂直线表示，材料、部件的进入用水平线表示，两线之间不能交叉。

（3）作图前，选择作业线上操作次数最多的零部件作为主线，其他的部件作为副线水平进入主线。

（4）在每道工序上标明内容、顺序号、设备（包括辅助装置）、定额时间（根据具体情况，可以省略项目，如缝纫工序里面使用普通平缝机就可以省略不写）等，见图5-7。

（5）成衣的工序拆分要根据实际情况，可以拆分到最小工序，也可以是一个较小的组合工序。一般而言，上下两道工序用到不同的设备，一定要拆分。

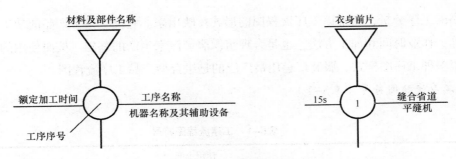

图5-7 工序流程图格式

四、工序流程图绘制实例

（一）两片衬衣领工序流程图

男士衬衣领为两片领，其缝制的方法要根据工艺单的要求，工序流程图也要考虑到服装厂的实际生产技术能力。绘制的顺序如下：

（1）翻领的工序最多，选择翻领为主线，底领为副线。

（2）根据实际情况，选择加工的机械设备为普通平缝机与熨斗手工熨烫。

（3）额定加工时间为根据工厂实际来确定实际生产需要的时间。

图5-8为衬衣两片领的细分工序流程图。从流程图中可以看出，工人操作的专业化程度较高。如果是粗分工序，衬衣领工序就是1个工序，由1名工人完成；但是细分工序，可

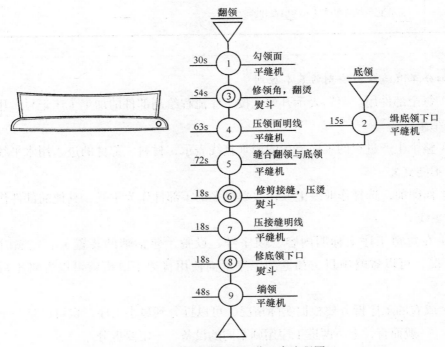

图5-8 衬衣两片领的细分工序流程图

以看出分为9道工序，至少由9名工人完成。

（二）紧身直筒裙工序流程图

紧身直筒裙为女装的基本裙型，此款直筒裙（图5-9）为单裙（不挂里）。工序流程图（图5-10）绘制的顺序如下：

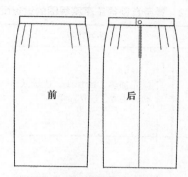

图5-9 紧身直筒裙款式图

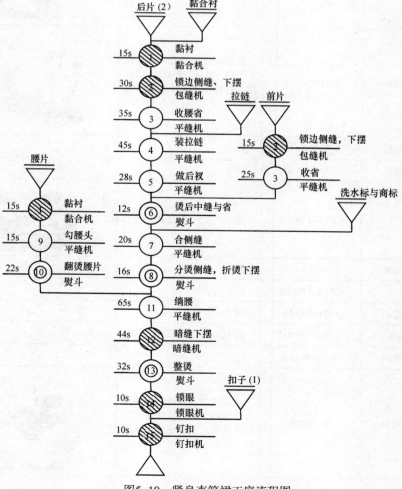

图5-10 紧身直筒裙工序流程图

（1）后片的工序最多，选择后片为主线，前片和腰片为副线。

（2）根据实际情况，选择加工的机械设备为平缝机、包缝机、锁眼机、暗缝机、手工熨烫、连续式黏合机（设备配置见表5-2）。

（3）额定加工时间为根据工厂实际来确定实际生产需要的时间。

表5-2　紧身直筒裙工序流程图的设备配置

工序	设备名称	设备型号	性能特点	备注
1	黏合机	NHG-900	先加热，后加压。连续式动态压烫，操作简单	
2	包缝机	MO-6714S	高速的四线包缝机，包缝线迹美观	
3	平缝机	S-1110A-3A	普通的锁式平缝机，适合中厚料。低张力的稳定缝纫，防止针杆和挑线杆区域产生油污	
4	平缝机	S-1110A-3A	同上	—
5	平缝机	S-1110A-3A	同上	—
6	熨斗	GZY4-1200D2	吊瓶式强力蒸汽电熨斗	
7	平缝机	S-1110A-3A	同上	—
8	熨斗	GZY4-1200D2	同上	—
9	平缝机	S-1110A-3A	同上	—
10	熨斗	GZY4-1200D2	同上	—
11	平缝机	S-1110A-3A	同上	—
12	暗缝机	JC-9330	机器缝制的线迹只留在缝合的面料之间，从而在衣物的两面都不会见到这些暗缝线	

续表

工序	设备名称	设备型号	性能特点	备注
13	熨斗	GZY4-1200D2	同上	一
14	锁眼机	RH-9820	电脑控制的圆头扣眼机可以有很多种扣眼款式,带有液晶显示屏,并以图标和文字显示	
15	钉扣机	AMB-289	多功能的钉扣机,可以适应各种扣子的变化在一台缝纫机上可进行平扣、柄扣、包扣、大小扣(子母扣)的缝制	

(三)女衬衣工序流程图

此款女衬衣(图5-11)为一片翻领,自折边门襟的短袖衬衣。

1. 女衬衣工序流程图的绘制顺序

(1)前片的工序最多,选择前片为主线。领、袖、后片等部件为副线水平加入主线。

(2)根据实际情况,选择加工的机械设备。平缝机根据工序特殊要求,增加辅助设备或者选择功能较多的平缝机。

(3)额定加工时间为根据工厂实际来确定实际生产需要的时间。

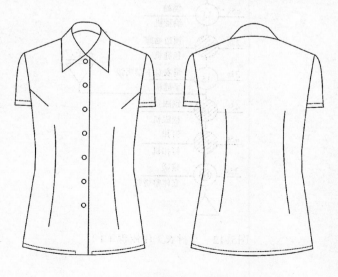

图5-11 女衬衣款式图

2. 两种不同的工序流程图

按照不同的生产规模和工艺技术，可以绘制不同的工序流程图。图5-12、图5-13都是此款女衬衣的工序流程图，但是加工顺序和机器设备配置有所差异，投入成本和生产效率自然有所不同，可根据工厂实际情况选择。

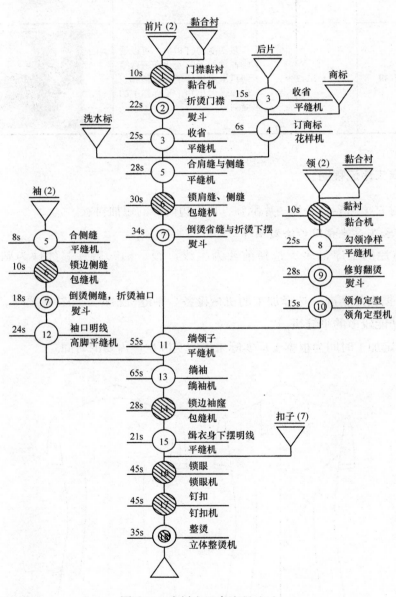

图5-12　女衬衣工序流程（1）

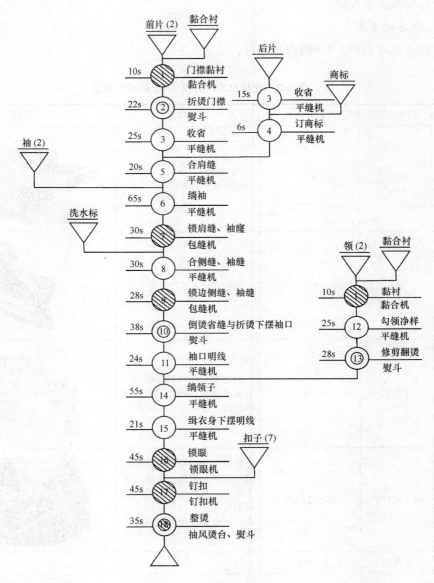

图5-13 女衬衣工序流程（2）

（1）女衬衣工序流程（1）中，流水线的生产设备除普通平缝机、包缝机外，还采用了一些特殊专业设备，例如电子花样机、缉袖机、领角定型机、立体整烫机、高脚平缝机、高性能钉扣机等。特殊专业设备的配置不仅可以提高生产效率，还可以提高成衣的缝制质量。

（2）女衬衣工序流程（2）中，流水线的生产设备采用普通平缝机、包缝机以及整烫定型设备都采用普通蒸汽熨斗与烫台。设备前期投入成本低，缝制工艺设计相对简单，缝制质量依靠操作者控制。

3. 设备配置表

女衬衣工序流程（1）的设备配置，见表5-3。

表5-3 女衬衣工序流程（1）的设备配置

工序	设备名称	设备型号	性能特点	备注
1	黏合机	331	先加热，后加压。连续式动态压烫，操作简单	
2	熨斗	028	吊瓶式强力蒸汽电熨斗	
3	平缝机	S7200C	直驱型自动剪线平缝机。有数显面板控制，可调节倒回针缝、定长缝、褶裥缝等	
4	电子花样机	AMS-210EN	带输入功能电子花样循环缝缝纫机。可以一次输入多个商标、刺绣数据。缝纫机每刺绣一个商标就会停止一次，可以连续地进行商标的刺绣	
5	平缝机	S7200C	同上	—
6	包缝机	AZ7000SD-8	干式高速的四线包缝机，包缝线迹美观。由于大幅度地减少了机油的飞散，因此解决了缝制品的油污问题	
7	熨斗	028	同上	—
8	平缝机	S7200C	同上	—

续表

工序	设备名称	设备型号	性能特点	备注
9	熨斗	028	同上	—
10	领角定型机	1963-1	具有良好稳定的给温给压功能	
11	平缝机	S7200C	同上	—
12	高脚平缝机		高脚方便小件、袖窿、袖口等部位缝纫	
13	绱袖机	DP-2100	上下差动送布,一般都是计算机控制缩缝量,自动完成绱袖功能。可根据需求来变更已输入的程序的启动位置,可使显示出来的袖孔更加接近实际的尺寸	
14	包缝机	AZ7000SD-8	同上	—
15	平缝机	S7200C	同上	—
16	锁眼机	HE-800A	电脑平缝锁眼机。可任意调节抬压脚高度,定位准确、简单。快速和准确的切刀操作。21种已编入的图案随机附带	
17	钉扣机	LK-1903AN/BR35	通过独特的水平强制送扣机构确保送扣夹能向纽夹送扣,无须熟练的操作者	
18	立体整烫机	288	将服装套入人形烫模并使衣服展开,将高温蒸汽由衣内向衣外喷射,因此服装只受张力不受压力,衣服表面纤维不倒伏	

女衬衣工序流程（2）的设备配置，见表5-4。

表5-4　女衬衣工序流程（2）的设备配置表

工序	设备名称	设备型号	性能特点	备注
1	黏合机	NHG-900	先加热，后加压。连续式动态压烫，操作简单	
2	熨斗	GZY4-1200D2	吊瓶式强力蒸汽电熨斗	
3	平缝机	271-140342	配备直流马达和新型电磁式夹线器的双线锁式线迹平缝机。使用普通的下送料形式	
4	平缝机	271-140342	同上	—
5	平缝机	271-140342	同上	—
6	平缝机	275-742642	上下差动送料平缝机，具有计算机控制，可调整每段距离的缩缝量	
7	包缝机	AZ7000SD-8	干式高速的四线包缝机，包缝线迹美观。由于大幅度地减少了机油的飞散，因此解决了缝制品的油污问题	
8	平缝机	271-140342	同上	—
9	包缝机	AZ7000SD-8	同上	—
10	熨斗	GZY4-1200D2	同上	—
11	平缝机	271-140342	同上	—
12	平缝机	271-140342	同上	—
13	熨斗	GZY4-1200D2	同上	—

续表

工序	设备名称	设备型号	性能特点	备注
14	平缝机	271-140342	同上	—
15	平缝机	271-140342	同上	—
16	锁眼机	HE-800A	电脑平缝锁眼机。可任意调节抬压脚高度，定位准确、简单。快速和准确的切刀操作。21 种已编入的图案随机附带	
17	钉扣机	531-211	拥有 50 个预先设定的标准缝合模式，长度和宽度可调整。可钉扣子的孔数为两孔、四孔，甚至六孔	
18	抽风烫台	104	自带模具，可以整理肩、袖部位	

本章小结

■生产工艺流程反映了产品加工的步骤和顺序，它不仅是计算和确定设备种类和数量、车间劳动组织、人员定额和车间布置的基础，而且对投产以后的产品质量、产量和各项技术经济指标有直接的影响。工艺流程设计的成品通过图解形式（形象、具体）表示，工艺流程图集中地概括了整个生产过程的全貌。

■在服装生产中，工序单元的划分主要根据工厂的生产规模和产品品种及款式。对某个具体产品的分析，通常以工序流程图的形式反映出来。按照使用的目的不同，有很多种工序图样式，服装厂运用最广泛的是组合型产品工序流程图。

思考题

1．绘制男式西服的工艺流程图。

2．自己设计一款服装，绘制此服装的工序流程图。

服装生产线的组织

教学内容： 服装流水线生产的原理

生产线平衡计算与实例分析

流水线的优化

单件流简介

课程时间： 4课时

教学目的： 1. 了解服装缝纫流水线的含义与基本类型。

2. 掌握服装生产线平衡计算方法。

3. 了解单件流生产的特点。

教学方法： 教师讲授、案例分析、学生课堂练习结合。

教学要求： 1. 通过讲授让学生对缝纫流水线的含义与基本类型有一
定认识。

2. 通过课堂实例、课堂练习让学生掌握服装生产线平衡
计算方法。

第六章 服装生产线的组织

第一节 服装流水线生产的原理

一、流水生产法概念

流水生产法也就是把生产线改造成流水生产，即把生产过程划分为在时间上相等或成倍比的若干工序。并将其分别固定于按工艺过程顺序排列的各工作地，劳动对象按一定的节拍或速度顺次"流过"各工作地进行加工。

例如，某服装的加工分为五道工序（如图6-1），每道工序的加工时间不同；五道工序的最小节拍可以定为全部时间的最大公约数，为0.4；这样就可以把五道工序安排给八个工人完成，相同时间每个工人加工的部件数量一样，就可以组成完整的服装，不会出现多部件或者少部件的情况。

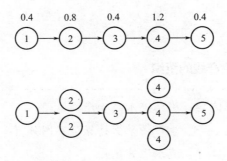

图6-1 某服装的加工工序

二、大规模流水生产的特点

（1）工作地专业化，在每个工作地完成一道或几道工序。

（2）工作地按工艺过程顺序编排，加工对象在各工作地间单向流动。

（3）生产具有节奏性，加工对象的各工序按一定的时间间隔投入或产出。

（4）工作地数量与各工序单件作业时间的比例相一致。

三、组织流水生产线必须具备的条件

（1）产品要有一定的数量，流水线能固定生产一种或几种产品。

（2）产品结构和加工工艺要相对稳定。

（3）生产工艺过程能够划分成若干简单工序，而且这些工序要能够适当地进行合并或分解。

四、流水生产线的分类

流水线按照生产组织形式不同，可以分为三类：大流水生产、小流水生产、单件流生产。

1. 大流水生产

每个操作人员只完成一道固定的工序，每个操作人员生产完成一捆裁片后，传递给下一道工序的操作人员。裁片捆按照规定的顺序流动，直到完成成衣。半成品较多，生产周期长。

这种大流水生产的形式，机器和操作人员位置固定，灵活性不强。适合批量大，款式固定的成衣加工。

2. 小流水生产

将数名操作人员组成1个生产小组，人数一般在6~8人，小组独立完成整件服装的生产加工。一般1个操作员需要完成许多道工序。生产线上流动的每捆裁片的数量较小，一般是五件服装左右，半成品少，生产周期较短。

这样小流水生产的形式，灵活性强。生产的品种变化时，不需要调整机位，组内人员形成一个集体，可以灵活调动。适合批量较小、款式变化多的成衣加工。

3. 单件流生产

从裁片投入到成品产出的整个制造加工过程，裁片始终处于不停滞、不堆积、不超越，按节拍一个一个流动的生产方法。单价流是准时化生产的物流形式，是实现准时化生产的基础。每个操作员负责2~3种机器的操作，完成裁片的多道工序。流动的每捆裁片是一件成衣的所有裁片，而不是一个部件的许多裁片。

单件流生产的形式，生产周期很短，几个小时就可以更换品种进行生产。满足定制加工和实时生产的要求。

第二节　生产线平衡计算与实例分析

大流水生产和小流水生产都需要在运行过程中保持流水线的平衡，尽量避免"瓶颈"现象：有的工人无所事事，有的工人仍有大量半成品堆积。流水线的平衡显得格外重要，因此需要工序编制和流水线的平衡计算。

一、缝纫生产流水线基本概念

1. 生产流水线节拍

生产流水线上生产两件产品之间的间隔时间或产品在各工序间每移动一次所需的间隔时间称为生产流水线的节拍（P），它是流水线生产组织的重要依据。即：

$$P=单件标准总加工时间／作业人员数$$
$$或\ P=计划每天的工作时间／计划日产量$$

2. 缝纫生产流水线平衡理论

假设缝纫生产流水线共有 k 道工序，第 i 道工序的单件标准时间为 t_i（i=1，2，3，…）单件标准总加工时间为 T，生产流水线节拍为 P，则 t_i 与 P 在生产中有下列三种情况：

（1）$t_i > P$，这意味着第 i 道工序属超负荷运转，通常把该工序称为"瓶颈工序"。

（2）$t_i = P$，这是最理想的状态。

（3）$t_i < P$，表示该工序在每一个节拍时间里有一定的空闲生产时间。

3. 工作位

$$N=t_i/P$$

其中：t_i 为第 i 道工序的作业时间；P 为节拍时间。工作位的计算值是有小数的，但实际工作位需要取整。

假设工作位的数值为 X：

（1）当 $X<0.2$，工作位不增加，舍去。

（2）当 $0.2 \leqslant X < 0.5$，增加工作位，但不增加工人，俗称"飞机位"。

（3）当 $0.5 \leqslant X < 1$，增加工作位，还增加工人人数。

4. 生产流水线的编制效率

生产流水线的编制效率（E），表示作业分配时工序平衡程度优劣的系数。

（1）当 $t_i > P$ 时，$E = P／总瓶颈工序时间 \times 100\%$。

（2）当 $t_i \leqslant P$ 时，$E = T／(n \times P) \times 100\%$。

其中：T 为标准总加工时间；n 为工作人员数；t_i 为第 i 道工序的作业时间。

生产流水线的编制效率可预先设置，也可在生产流水线编制完成后用以检验编制效果。实际生产中生产流水线的编制效率应在 85% 以上。

二、生产流水线编制的前提条件

在进行生产流水线平衡时，必须预先知道产品的种类、工序、标准时间、日工作时间、作业人员数以及预计的产量等。根据以上条件，分别组成不同前提条件时生产流水线平衡的模式，结合工厂的实际情况可作具体考虑。

（1）以欲达到的日产量为前提条件时，应以作业人员最少为目标，确定工作位的个数或工作人员数。

（2）以作业人员数为前提条件时，应以所给定的作业人员数来计算生产流水线的节拍，然后按照节拍来分配工作量。

三、生产流水线平衡设计的方法

1. 顺向流程

按程序作业，减少无效工时，使在制品往一个方向流，避免倒流水作业或交叉传递时间。

2. 就近组合

相关工序就近组合，减少传递时间。将两个不同的工序合并，可以安排一个工人在其工作位内负责两个不同的工序；也可以安排一个工人在两个不同的工作位负责两种工作。

3. 节拍均衡

每道工序原始的工时是不一样的，但在设计工艺流程时要使之均匀，既要做到工序间不脱节，又要做到无积压、有节奏地进行流水作业。

4. 加速周转

国外先进流水作业大多是以衣片传递作业，从衣片的投入到产品的产出，生产周期很短，所以产品比较整洁。我国目前的生产工艺流程大多以一包衣片为上下道工序的传递单位，每人手里都有一包在制品，那么生产周期就会很长。所以在设计工艺流程时，要尽可能地减少传递数量，以利于缩短生产周期，适应市场经济快节奏的需要。

5. 人员的合理配置

生产工人和生产岗位的配置，要尽可能做到量才录用，恰到好处。生产一件产品需要若干工序，有简有繁，技术难度有高有低。而企业生产工人的技术水平和适应能力也不可能完全一样。所以在设计工艺流程时，一要熟悉产品结构，了解每道工序技术关键；二要了解每位生产流程参与者的技术专长。以便合理的使用人力，更好地提高生产工序。

6. 动态的原则

安排生产组长，随时留意安排中的生产流水线是否能够达到预期的产量，以采取措施及时调整。运用动作研究去减轻某些工作量过重的工序，尤其是针对瓶颈工序，需要进行深入的研究分析，使其工作量有所减轻。

四、衬衣领流水线编制实例

如前所述，衬衣两片领的缝制工序共有九道工序。

（一）以欲达到的日产量为前提条件

日产量1000片领子，每天工作时间为27000s，确定实际工作人员数和编制效率。

1. **节拍**

$$P=\text{计划每天的工作时间} / \text{计划日产量}=27000/1000=27$$

2. **工作位**

$N_1=t_1/P=30/27=1.11$；$N_2=t_2/P=15/27=0.56$……$N_8=t_8/P=18/27=0.67$；$N_9=t_9/P=48/27=1.78$。

3. **实际工作人员数**

按照实际工作位需要取整原则：

（1）N_1舍去为1，N_2进位为1。N_2由于工作位有富裕，可以看管N_1补回N_1的不足，不会产生瓶颈。

（2）N_4为飞机位，不增加工人为1；N_5进位为3。N_5由于工作位有富裕，可以看管N_4补回不足，不会产生瓶颈。

（3）其余的工作位$N_6 \sim N_9$都进位为1。具体安排见表6-1，共安排了13名工人。

表6-1 工作位计算安排

工序	设备	标准时间（s）	计算工作位（个）	实际工人数	备注
1 勾领面	平缝机	30	1.11	1	—
2 缉领底下口	平缝机	15	0.56	1	看1
3 修领角	熨斗	54	2.00	2	—
4 压领面明线	平缝机	36	1.33	1	
5 缝合翻领与底领	平缝机	72	2.67	3	看4
6 修剪接缝、压烫	熨斗	18	0.67	1	—
7 压接缝明线	平缝机	18	0.67	1	
8 修剪领底下口	熨斗	18	0.67	1	
9 绱领子	平缝机	48	1.78	2	
共计		309	11.46	13	

4. **编制效率**

整个流水线的安排都没有出现瓶颈，因此采用计算方法为：

$$E=T/(n \times P)\times 100\%=309/(13\times 27)\times 100\%=88.03\%$$

编制效率大于85%，流水线的安排合理可行。

（二）以作业人员数为前提条件

一共有12名工人组成一条领子的缝纫流水线，每天工作27000s。安排12名工人的具体工作和计算编制效率，计算日产量。

1. 节拍

$$P = 单件标准总加工时间／作业人员数 = 309/12 = 25.75$$

2. 工作位

$N_1 = t_1/P = 30/25.75 = 1.17$；$N_2 = t_2/P = 15/25.75 = 0.58 \cdots\cdots N_8 = t_8/P = 18/25.75 = 0.70$；$N_9 = t_9/P = 48/25.75 = 1.86$。

3. 实际工作人员数

（1）N_1舍去为1，N_2进位为1。N_2由于工作位有富裕，可以看管N_1补回N_1的不足，不会产生瓶颈。

（2）N_3舍去为2，产生瓶颈。

（3）N_4、N_5合并后为4.19，舍去安排4名工人，产生瓶颈。

（4）N_6、N_7合并后为1.40，舍去安排1名工人；N_8、N_9都进位为1，工作位有富裕，可以看管N_6、N_7补回不足，不会产生瓶颈。

由此，安排完了12名工人到流水线上。这样的安排有很大的缺点，就是第6、第7两道工序是不同的设备，由一个工人完成，这个工人的工作效率必然有所降低；再加上需2名工人的看管帮助才能补回与节拍的差值，这个过程也会在交替工作时降低效率。

4. 与节拍的差值

此项计算的是每道工序的标准时间与节拍的差值。N道工序合并，计算标准时间就是N道工序的标准时间之和。

例如，第4、第5两道工序合并，标准时间变为36+72=108；由于分配4名工人，与节拍的差值为108/4−P=27−25.75=1.25，具体计算见表6-2。

表6-2 工作位计算安排

工序	设备	标准时间（s）	计算工作位（个）	实际工人数	与节拍差值（s）	看管后与节拍差值（s）	备注
1 勾领面	平缝机	30	1.17	1	4.25	−6.5	—
2 缉领底下口	平缝机	15	0.58	1	−10.75	0	看1
3 修领角	熨斗	54	2.10	2	1.25	1.25	瓶颈
4 压领面明线	平缝机	36	1.40	4	1.25	1.25	瓶颈
5 缝合翻领与底领	平缝机	72	2.80				
6 修剪接缝、压烫	熨斗	18	0.70	1	10.25	−1	—
7 压接缝明线	平缝机	18	0.70				
8 修剪领底下口	熨斗	18	0.70	1	−7.75	0	看6
9 缲领子	平缝机	48	1.86	2	−1.75	0	看7
共计		309	12.01	12	—	—	—

5. 编制效率

流水线上出现多个瓶颈，选择标准时间与节拍差值最大的工序作为瓶颈工序。整个流水线的安排上出现两个瓶颈，但两个瓶颈工序的标准时间与节拍差值相同，可任意选择一个作为瓶颈工序计算。因此采用计算方法为：

$$E = P／总瓶颈工序时间 \times 100\% = 25.75/(54/2) \times 100\% = 95.37\%$$

$$或者E = P／总瓶颈工序时间 \times 100\% = 25.75/(108/4) \times 100\% = 95.37\%$$

编制效率大于85%，流水线的安排合理可行。

6. 日产量

$$P = 计划每天的工作时间／计划日产量$$

$$计划日产量 = 计划每天的工作时间／P = 27000/25.75 = 1048.54$$

五、紧身直筒裙流水线编制实例

前面介绍了紧身直筒裙工序流程图，按照这个工序流程编制一条大流水生产线，日产量为1000条，每天工作时间为27000s。

1. 节拍

$$P = 计划每天的工作时间／计划日产量 = 27000/1000 = 27$$

2. 工作位

$$N_1 = t_1/P = 15/27 = 0.56；N_2 = t_2/P = 50/27 = 1.85\cdots\cdots$$

3. 实际工作人员数

按照图5-10的工序顺序，编制的流水线实际工作人员数较多，生产效率不高，需要合并和改变工序顺序，改变后的具体情况见表6-3。有看管关系的工序之间安排机位时考虑靠近。

表6-3 工作位计算安排

工序	设备	标准时间（s）	计算工作位（个）	实际工人数	备注
1 烫衬	烫台、熨斗	15	0.56	1	—
2 锁边	包缝机	50	1.85	2	—
3 收省	缝纫机	60	2.22	2	—
4 装拉链	缝纫机	45	1.67	2	—
5 做后衩	缝纫机	28	1.04	1	—
6 合侧缝	缝纫机	20	0.74	1	看3
7 烫后中与省	熨斗	28	1.04	1	瓶颈
8 分烫侧缝、折烫下摆	熨斗				
9 勾腰头	缝纫机	15	0.56	1	看11
10 翻烫腰片	熨斗	22	0.81	1	看13
11 缉腰	缝纫机	65	2.41	2	—

续表

工序	设备	标准时间（s）	计算工作位（个）	实际工人数	备注
12 暗缝下摆	暗缝机	44	1.63	2	
13 整烫	烫台、熨斗	32	1.19	1	
14 锁眼	锁眼机	10	0.37		—
15 钉扣	钉扣机	10	0.37	1	
总计		444	16.46	18	

4. 编制效率

整个流水线的安排上出现瓶颈，因此采用计算方法：

$$E = P / 总瓶颈工序时间 \times 100\% = 27/28 \times 100\% = 96.42\%$$

然而，流水线上还有一些工序出现时间富裕，用没有瓶颈的公式计算：

$$E = T / (n \times P) \times 100\% = 444/(18 \times 27) \times 100\% = 91.36\%$$

因此，选择编制效率较低的后者为整个流水线的编制效率91.36%。

编制效率大于85%，流水线的安排合理可行。

第三节　流水线的优化

要提高流水线的生产效率，最关键就是减少每道工序的标准时间。减少每道工序的标准时间的方法主要有两个：①优化操作动作，省去不合理和浪费的动作；②生产设备的改良，采用更先进合理的设备，提高生产效率。

一、优化操作动作

操作动作由三部分组成，即作用动作、搬运动作、非生产动作。为了提高生产效率，操作时尽量减少搬运动作，消除非生产动作，从而优化操作动作。

（一）动作分析

优化操作动作的方法主要有动作分析。动作分析是把某次作业的动作分解为最小的动作单元，以对作业进行定性分析，省去不合理和浪费时间的动作，制定出安全、正确、高效率的动作序列，形成合理、经济的作业方法，使作业达到标准化。也就是对作业动作进行细致的分解研究，消除不合理现象，使动作更为简化、合理，从而提升生产效率的方法。动作分析的主要方法有：

1. 目视动作分析法

目视动作分析法是由观测人员用肉眼对操作者的左右手动作进行观察，并运用一定的符号按动作顺序如实地记录观察情况。然后进行分析，再改进动作。这种方法简便、费用低。但由于操作工人的动作很快，有时仅靠观察人员的眼力很难将动作形象记录下来，因此，准确度不高。

2. 影像分析法

影像分析是用电影摄影设备或录像设备把操作者的动作拍摄下来。根据需要可以按正常速度或慢速拍摄，然后进行分析，提出改进的意见。这种方法可随时再现操作者的动作，供分析研究，因此准确度较高。

3. 既定时间分析法

既定时间分析法是对作业进行基本动作分解，根据预先确定的最小单位的时间表（表6-4），然后求得每个最小动作单位的时间值，从而确定出标准作业时间。根据标准作业方法确定标准时间，只要知道作业方法，不必实测时间，通过计算就能确定标准作业时间。

表6-4 动作的最小单位的时间

序号	动作代码	中文名称	次数	机器时间（s/30）	人工时间（s/30）
1	MG2S	先后取两裁片配对	2	0	214
2	APSH	调整裁片位置	2	0	48
3	FOOT	移至压脚下	2	0	76
4	MBTB	用手起落回	2	0	68
5	S4MA	27cm	2	63	0
6	AM2P	调整两块裁片位置	4	0	244
7	S10LA	车缝动作	4	200	0
8	AM2P	调整两块裁片位置	2	0	122
9	S3MB	车缝动作	2	74	0
10	MBTE	用手落针回针	2	0	74
11	MHDW	转动手轮升缝针	2	0	92
12	APSH	拉出来	2	0	48
13	TCUT	剪线（含拿和放的动作）	2	0	100
14	AS1H	单手摆放	2	0	46

（二）操作动作优化原则

1. 排除不必要的作业

例如可以通过合理布置，减少搬运工作，取消不必要的非生产操作时间。

2. 配合作业、合并作业

把几个工序合并，使用同一种设备的工作集中在一起。

3. 重排、改用其他方法

例如，可把检查工程移到前面；用台车搬运代替徒手搬运等。

4. 简化、连接

改变布置，使动作边境更顺畅，使机器操作更简单。例如把两台平头锁眼机安放在一起（图6-2），一个工人可同时操作两台机器，减少了取放和等待时间。

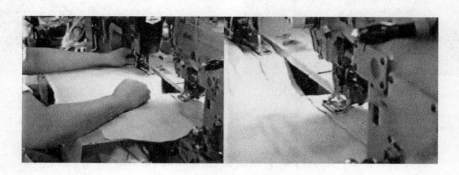

图6-2　两台平头锁眼机组合

二、生产设备的改良

目前的服装生产设备有很多专机，专门针对一种工序，减少操作时间，提高生产效率。专机价格昂贵，并且使用范围小，灵活性不高。只适合大规模生产的服装厂。

小型服装厂也可以通过对原有的设备改良，来减少操作时间。例如，在原有的平缝机后装一个自动收衣装置（图6-3），就可以减少工人收捡衣服的时间，提高生产效率；在缝纫机旁安装一个小盒子（图6-4）来储存缝合后的裁片，减少操作者放裁片的距离，从而达到减少操作时间的目的；传统锁扣眼时，拿放裁片时间较多，可以在锁眼机上安装一个夹子（图6-5），夹住一叠裁片，减少拿放时间。

图6-3　自动收衣装置

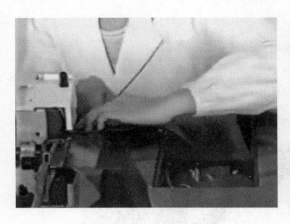 

图6-4　改良后的收裁片盒子　　　　　　　　图6-5　改良后的夹裁片夹子

第四节　单件流简介

一、单件流的特点

（1）每道工序加工完一个制件后，立即流到下一工序。

（2）裁剪车间将一包衣服的裁片分一起，发放车间。

（3）流水线员工安排不固定，按照流水方式和具体操作员工的适合工序排序，第一个流水员工操作第一道工序，后直接给第二个员工执行第二道工序，这样一个一个传下去，在最短的时间内流出成品。

（4）生产工序、检验工序和运输工序合为一体。

（5）只有合格的产品才允许往下道工序流。

二、JUKI（重机）的快速反应缝纫系统

JUKI（重机）的快速反应缝纫系统是一个单件流的流水生产系统。快速反应缝纫系统与服装CAD系统连接，还可以随时根据存货量、销售量，及时地对需求与生产做出反应。

快速反应缝纫系统是由工作站和一个吊挂系统组成的，每个工作站又由3～4台机械组成。工作站的机械是由缝纫机、锁边机、熨烫设备等组成（图6-6）。工作站的控制板是脚踩式的，操作员站立工作。

快速反应缝纫系统是最适合小批量生产，一个款式的生产量是从几十件到300件为最佳。这个系统最基本的单位是一件服装，一个工作站同一时间只停留一件服装。快速反应缝纫系统中每个工作站的操作人员负责5～10个工序。自己负责从吊挂系统上拿取衣片，并把完成后的衣片挂回。不合格的衣片是不能向下个工作站流动，最大限度降低了返工率。根据服装品种的不同可以增加和减少工作站数量，图6-7为10个工作站组成的单件流生产线。

图6-6 单件流工作站设备

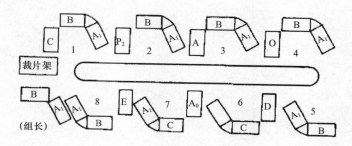

图6-7 单件流工作站组成形式

采用这种方式可以提高20%～30%的日产量。这个系统能产生高生产率的另外一个原因就是生产线平衡。当生产线失去平衡以后，一些操作员就会来帮助出现问题的操作员，一起快速解决问题，恢复平衡。

本章小结

■流水生产法也就是把生产线改造成流水生产，即把生产过程划分为在时间上相等或成倍比的若干工序。并将其分别固定于按工艺过程顺序排列的各工作地，劳动对象按一定的节拍或速度顺次"流过"各工作地进行加工。

■流水线生产分为大流水生产、小流水生产、单件流生产。

■大流水生产和小流水生产都需要在运行过程中保持流水线的平衡，尽量避免"瓶颈"现象。流水线的平衡显得格外重要，因此需要工序编制和流水线的平衡计算。

思考题

1. 流水线生产的分类与主要特点是什么？

2. 设计一款服装的流水线生产，并按照产量一定的前提进行流水线平衡计算。

服装厂房形式与车间布置

教学内容： 服装厂房形式

车间布置设计

车间的平面布置

车间平面布置实例

课程时间： 4课时

教学目的： 1．了解服装厂房的形式与特点。

2．掌握服装车间布置原则。

3．掌握服装车间平面布置的方法。

教学方法： 教师讲授、案例分析、学生课堂练习结合。

教学要求： 1．通过讲授让学生了解服装厂房的形式与特点。

2．通过实例讲解让学生掌握服装车间布置的方法。

3．通过课堂练习、课后练习，让学生掌握典型服装的品

种的车间平面布置和附属建筑的布置方法。

第七章 服装厂房形式与车间布置

第一节 服装厂房形式

服装厂的厂房可以设计成单层厂房，也可以设计成多层厂房，究竟选用哪种形式的厂房，应当从工厂的生产特点、工艺要求、占地面积、施工条件、城市规划、投资以及企业经营管理等方面进行综合分析，然后确定方案。

服装厂房的特点

工业化成衣生产所需的机械设备的品种多、数量大，生产连续性较强。但是成衣生产设备的重量一般较轻，尺寸不大。地面承受的荷载不大，（2940×104）~（3920×104）Pa。故可以选择多层厂房。

服装生产车间应当有充足而均匀的采光，操作工人多，产品质量要求高，车间内应有良好的通风和空调设施。加工的原料、半制品和成品均属易燃品，厂房须考虑消防要求。生产过程中衣片、半制品或成品运输较频繁，厂房内应考虑运输、堆放或安装吊控传输系统的场地。

1. 服装厂单层厂房特点

（1）采用较大的结构柱网，有利于工艺布置和产品更新。服装厂采用单层厂房时（图7-1），一般都设计成等宽、等高的平行跨间，柱网尺寸可选用12m×7.8m、12m×9m、12m×12m、8m×16m和8m×18m。

图7-1 单层厂房结构柱网

（2）采用水平运输方式，运输工具的选择灵活、方便，车间内运输费较低。

（3）车间地面能承受较大的荷载，可放置重型机械设备。

（4）厂房占地面积大，建筑空间不够紧凑。

服装厂很少选择单层厂房。个别企业会因为单层厂房造价低，而选择单层厂房。

2. 服装厂多层厂房特点

（1）占地面积小，节约用地。特别适宜在土地紧张的城市或地形变化比较大的地区建厂采用。

（2）柱网尺寸小，工艺布置的灵活性差，由于采用垂直运输，所需的运输面积，如楼梯间、电梯间等的占地面积较多。服装厂采用多层厂房时（图7-2），多选用梁板柱框架结构，楼层上下柱网尺寸应力求统一。常用的柱网尺寸有7.5m×6m或9m×6m。

图7-2　多层厂房结构柱网

（3）多层厂房的宽度和层高主要根据工艺布置要求、空调和采光要求以及建筑造价等因素确定。

服装厂选用多层，常用的楼层多为3~6层。采用这样的层数，可简化建筑物的基础处理，降低厂房造价，加快施工进度；同时也有利于防火安全与消防扑救。厂房宽度常用15~18m、层高常采用3.8~4.2m。厂房底层安排布置集装箱仓库时，底层高应加大，通常层高采用6~8m。

第二节　车间布置设计

车间布置既要以生产工艺为主体，又要兼顾其他各方面的要求。因此，车间布置应以生产工艺为前提，全面考虑其他方面要求，对车间内的各种设备进行合理排列，对生产附房和生活附房做出合理布局，然后以适当比例用图纸表现出来。

一、布置原则

（1）每个生产车间的相对位置应使运输路线最短，避免人流与货流交叉，以利安全生产和采用机械化、自动化的设备。

单层厂房的车间采用水平运输，各个车间之间按照工艺顺序排列，不要出现交叉，可以可分为直线型（图7-3）或环型（图7-4）布置。

多层厂房的车间一般采用垂直运输，有两种形式为自上而下（图7-5）和自下而上（图7-6）。一般采用自下而上这种形式。

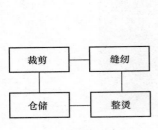

图7-3　直线型布置

（2）机器设备之间、机器设备与柱之间，应留有适当距离和空出必要的通道及存放原辅材料与在制品所需的空间。这样才能保证运输通畅，操作安全。图7-7中的车间，在柱之间排放物架，善于利用空间，在柱两边留出通道，布置合理、整洁。

图7-4　环型布置

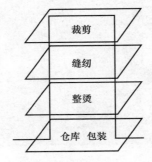

图7-5　自上而下布置

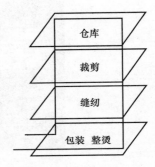

图7-6　自下而上布置

图7-7　物架放置图

（3）生产附房通常布置在厂房周围，靠近它所服务的车间周围；生活附房应位于人流集中或经常来往的通道旁。服装厂的附房可分为两类：一类叫生产附属，如配电室、空调室、保全室等；另一类生活附属，如更衣室、盥洗室、厕所等。例如图7-8，此服装厂就在每层车间修建厕所和空调室。

（4）车间布置应在适当范围内留有余地，为技术改造、车间机械位置调整提供方便。

二、中型服装厂车间实例

图7-8为多层厂房的服装车间布置，分为4层，采用自下而上的运输方式。第4层为裁剪车间，裁床旁有分片配片工作台；第3层是黏合车间和部件缝纫车间；第2层是组合缝纫车间，有两条吊挂流水线；底层为整烫、包装、仓储车间。每层楼都配有厕所和空调室。每层楼还单独留出办公室，可以安排机修、现场管理、保全等生产附属用房。

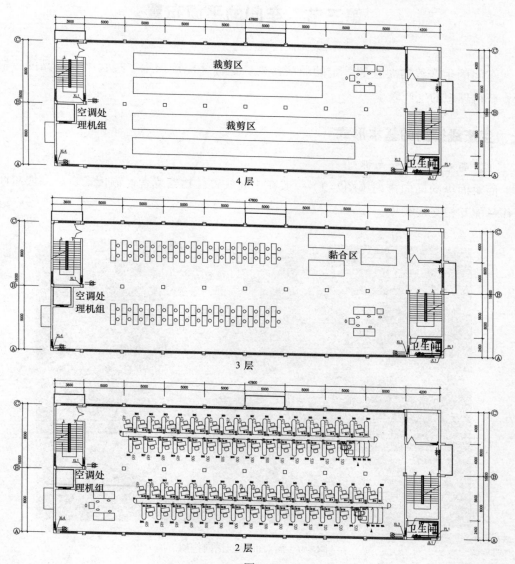

图7-8

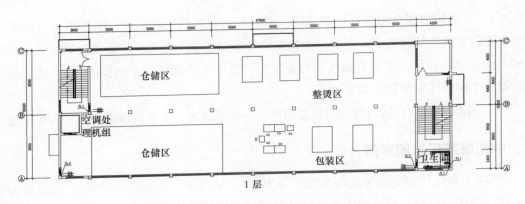

图7-8　多层厂房车间布置图

第三节　车间的平面布置

车间的生产线需要按照一定的顺序排列，这样才能确保生产过程中在制品的运输顺畅，获得理想的生产效率。

一、生产线排列的基本形式

1. 面对面纵向横向排列

面对面纵向横向排列（图7-9）一般在中间放置储物槽或者运输传送带，方便对面的操作员能互相交接裁片。

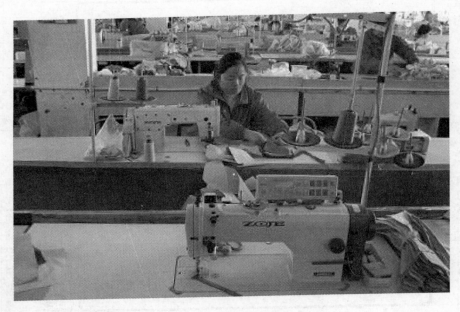

图7-9　面对面纵向横向排列

2. 课桌式纵向排列

课桌式纵向排列（图7-10），设备前后排放，每个操作员旁边排放物架等。这种排列方式适合大流水生产。

图7-10　课桌式纵向排列

3. 小组式组合排列

各种加工设备以小组形式排列，形成一个小的单元或者环形，可独立完成整件服装。这样的排列使得操作员之间交流与互动性加强，适合小流水生产。

二、设备排列的基本类型

1. 按照工序顺序排列

设备按照工序顺序排列（图7-11）适合少品种、大批量的服装生产形式。排列的设备为工序要求的所有设备，包括特殊机器。这样的排列方式是大流水生产的基本形式。

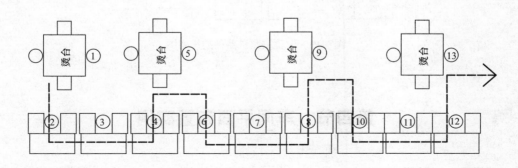

图7-11　设备按照工序顺序排列图

2. 按照部件排列

按照部件排列（图7-12）是将服装的不同部件分区加工，如领子区、袖子区、衣身区等。适合中批量、有变化款式的服装生产形式。

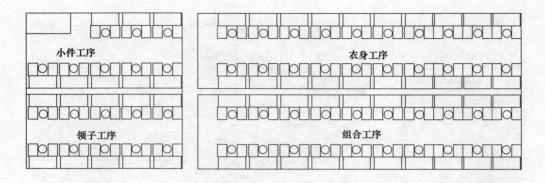

图7-12　设备按照部件排列图

3. 按照机器种类排列

按照机器种类排列（图7-13）适合多品种、少批量的服装生产形式。它是在同一场所配置同种机器，如黏合区、缝纫机区、特殊设备区等。

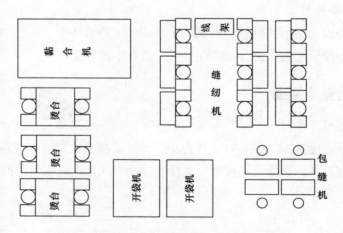

图7-13　设备按照机器种类排列图

第四节　车间平面布置实例

按照图5-10的紧身直筒裙工序图和表6-3的紧身直筒裙工作位计算安排表，完成此裙的生产线平面布置设计，主要是完成车间平面布置图。

一、平面布置图绘制步骤

（1）绘制车间平面轮廓图。按照比例绘制车间平面轮廓图，一般比例为1：50、1：100等，绘制时根据建筑设计施工图绘制。

（2）车间平面画出不可移动区，如出入口、柱子、通道等。

（3）确定机械设备尺寸。把生产线所需要的设备按照车间的比例绘制，主要设备尺寸一定要精确，这样才能准确布置空间。服装厂主要的设备尺寸和符号，如图7-14。

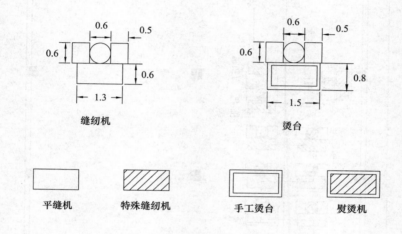

图7-14　服装厂主要的设备尺寸和符号

（4）先配置主流工程，再配置支流工程。配置的方法可按照"设备排列的基本类型"介绍的三种方法中的任意一种，主要是根据服装厂自身实际情况决定。

（5）标明各种设备名称代码、工序序号。缝纫机、烫台等有专门的符号说明，专门的特殊设备的名称可以标注在图示符号旁边加以说明。

（6）箭头标明产品流动方向。

二、紧身直筒裙流水线车间布置实例

1. 按照工序布置

车间为多层厂房中的一层，柱距为6m×8m，内还规划卫生间和生产附属用房。车间面积较大，可以放置两条流水线，所以机位之间留出的间距较大，有0.5m。机器的排列方式为课桌式纵向排列，按照工序固定，适合大流水生产。蒸汽烫台因为需要管道提供蒸汽，所以必须排在管道一侧，见图7-15。

2. 按照机器种类布置

车间为多层厂房中的一层，柱距为6m×8m，内有卫生间和生产附属用房。虽然车

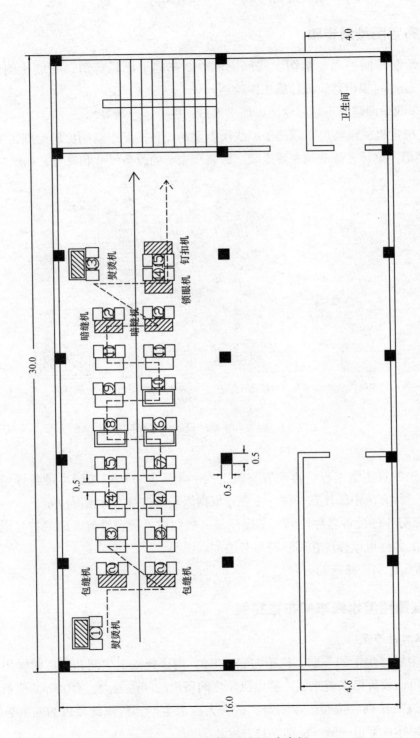

图7-15 按照工序布置的裙生产车间

间面积较大，但是设备间距不宜过大，以免影响裁片的机位间传递。因此，机位间距为0.8m，既宽敞又不影响运输。机器设备按照种类分区，适合各种服装的生产，见图7-16。

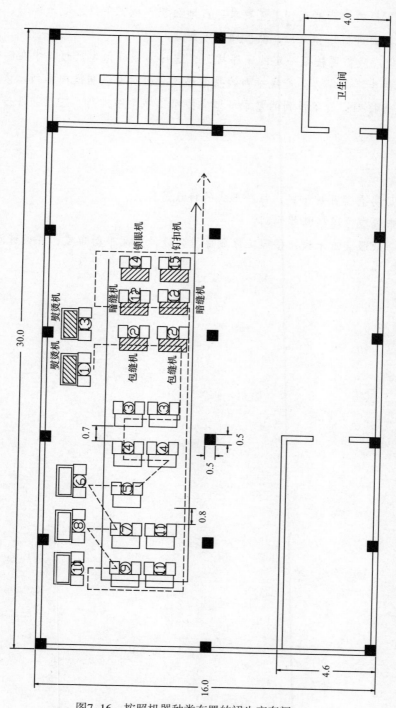

图7-16 按照机器种类布置的裙生产车间

本章小结

■服装厂的厂房可以设计成单层厂房，也可以设计成多层厂房，究竟选用哪种形式的厂房，应当从工厂的生产特点、工艺要求、占地面积、施工条件、城市规划、投资以及企业经营管理等方面进行综合分析，然后确定方案。

■车间的生产线需要按照一定的顺序排列，这样才能确保生产过程中在制品的运输顺畅，获得理想的生产效率。生产线排列的基本形式有面对面纵向横向排列、课桌式纵向排列、小组式组合排列；设备排列的基本类型有按照工序顺序排列、按照部件排列、按照机器种类排列。

思考题

1. 服装厂房有哪几种形式，每种形式的特点是什么？
2. 车间布置应该遵循哪些原则？
3. 设计一款服装流水线，按照工序顺序排列设计车间平面布置，并设计附属房屋。

第三部分　工厂公用工程

服装厂公用工程

> **教学内容：** 供配电
>
> 　　　　　照明
>
> 　　　　　给水与排水
>
> 　　　　　锅炉与蒸汽管道
>
> **课程时间：** 2课时
>
> **教学目的：** 1. 让学生了解服装厂公用工程的主要内容。
>
> 　　　　　2. 让学生掌握服装厂公用工程设计的特点。
>
> **教学方法：** 教师讲授、案例分析结合。
>
> **教学要求：** 1. 通过讲授让学生了解服装厂公用工程的主要包含的
> 　　　　　内容。
>
> 　　　　　2. 通过实例讲解让学生掌握服装厂公用工程的主要特
> 　　　　　点。

第八章　服装厂公用工程

公用工程是指与全厂各部门、车间、工段有密切关系的，为这些部门所共有的一类动力辅助设施的总称。

公用工程区域的划分：

（1）厂外工程：给水排水、供电等工程中水源、电源的落实和外管线的铺设。

（2）厂区工程：在厂区范围内、生产车间外的公用设施，如水塔、消防设施、配电所、路灯、锅炉系统等。

（3）车间内工程：有关设备及管线的安装工程，如空调机组、电线、照明等。

本章主要介绍服装厂主要公用工程，分别为供配电、照明、给水与排水、锅炉等。

第一节　供配电

工厂供电系统就是将电力系统的电能降压，再分配电能到各个厂房或车间中去，它由工厂降压变电所、高压配电线路、车间变电所、低压配电线路及用电设备组成。工厂总降压变电所及配电系统设计，是根据各个车间的负荷数量和性质、生产工艺对负荷的要求以及负荷布局，结合国家供电情况，解决各部门安全、可靠、经济的技术分配电能问题。

一、电压分类及高低电压的划分

按国标规定，额定电压分为三类：

（1）额定电压为100V及以下，如12V、24V、36V等，主要用于安全照明、潮湿工地建筑内部的局部照明及小容量负荷。

（2）额定电压为100V以上至1kV以下，如127V、220V、380V、600V等，主要用作低压动力电源和照明电源。

（3）额定电压为1kV以上，有6kV、10kV、35kV、110kV、220kV、330kV、500kV、750kV等，主要用于高压用电设备、发电及输电设备。

二、配电电压的选择

服装厂用电一般采用架空线路直接从电力系统取得供电电流。对于一般中型工厂，电流进线电压采用6~10kV，先经高压配电将电能输送到各车间变电所，然后直接降为低压用电设备的电压。大部分用电设备功率不是很大，普遍采用三相380V供电，少数的大功率用电设备考虑到导线截面积和开关容量以及用电效率的因素，可采用6kV供电。

三、变电所的选择

变电所的作用是从电力系统受电，经过变压，然后配电。工厂变电所分总降压变电所和车间变电所，中小型厂不设总降压变电所。车间变电所可附设在车间内，也可独立建造。服装厂选用多层厂房时，一般采用独立变电所。每个变电所内可设置一台或两台容量为1000kV以下的变压器。

确定工厂变电所的位置，应当考虑下列原则：

（1）尽量接近负荷中心，以降低配电系统的电能损耗、电压损耗和有色金属消耗量。

（2）进出线方便，特别是要便于架空进出线。

（3）不应妨碍企业的发展，有扩建的可能。

（4）接近电源侧，特别是工厂的总降压变电所和高压配电所。

（5）设备运输方便，特别是要考虑电力变压器和高低压成套配电装置的运输。

（6）不应设在有剧烈震动或高温的场所，无法避开时，应有相应的保护措施。

（7）不宜设在多尘或有腐蚀性气体的场所，无法远离时，不应设在污染原下风侧。

（8）不应设在厕所、浴室和其他经常积水场所的正下方，且不宜与上述场所相邻。

（9）不应设在有爆炸危险环境的正上方或正下方，且不宜设在有火灾危险环境的正上方或正下方。

（10）不应设在地势低洼和可能积水的场所。

根据服装厂实际情况，结合厂区平面示意图，考虑总降压变电所尽量接近负荷中心，且远离人员集中区。不影响厂区面积的利用，有利于安全等诸多因素，确定降压变电所设在厂区的位置。

四、防雷的选择

防雷的设备主要有接闪器和避雷器。

接闪器就是专门用来接受直接雷击（雷闪）的金属物体。接闪的金属针称为避雷针。接闪的金属线称为避雷线，或称架空地线。相应的接闪的金属带和接闪的金属网称为避雷带和避雷网。

避雷器是用来防止雷电产生的过电压波沿线路侵入变配电所或其他建筑物内，以免危及被保护设备的绝缘。避雷器应与被保护设备并联，装在被保护设备的电源侧。当线路上出现危及设备绝缘的雷电过电压时，避雷器的火花间隙就被击穿，或由高阻变为低阻，使过电压对大地放电，从而保护了设备的绝缘。避雷器的型式，主要有阀式和排气式等。

图8-1为多层厂房的服装厂的屋顶避雷设计图。

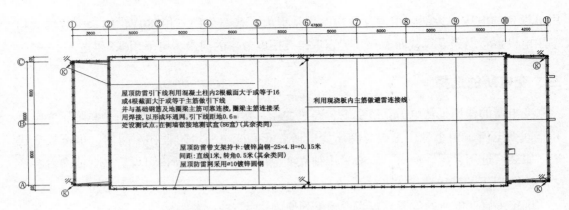

图8-1 多层厂房的服装厂屋顶避雷设计图

第二节 照明

良好的照明是保证安全速产、提高劳动效率、保护视看者视力健康、创造舒适环境的必要条件。为了获得良好的照明就必须有合理的照明设计，合理的照明设计应符合适用、安全、保护视力和经济的要求，并力求得到舒适的照明环境。

一、工厂照明设计范围

（1）室内照明：厂房内部照明及办公等附属用房内部照明。

（2）户外装置照明：为户外各种装置而设置的照明。例如露天作业场，总降压变电站的户外变、配电装置设备等的照明。

（3）站场照明：车站、停车场、露天堆场等设置的照明。

（4）地下照明：地下室、电缆隧道、综合管廊及坑道内的照明。

（5）道路照明：工厂厂区公路及其他道路的照明。

（6）警卫照明：沿厂区周边及重点场所周边警卫区设置的照明。

（7）障碍照明：厂区内设有特高的建筑物，如烟囱等，根据地区航空条件，按有关规定需要装置的标志照明。

二、工厂照明方式

（1）一般照明。在整个车间或车间的某部分，灯具均匀布置的照明方式（图8-2）。

（2）局部照明。当分区一般照明不能满足照度要求时，应增设局部照明（图8-3）。例如开袋精细操作工序，需要在操作台面上额外加上照明光源。在工作区内不应只装置局部照明。

（3）混合照明。一般照明与局部照明共同组成的照明方式。对于照度要求较高，工

图8-2 均匀布置的照明方式

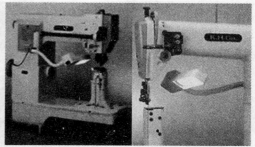

图8-3 局部照明

作位置密度不大，单独采用一般照明不合理的场所，宜采用混合照明。

三、灯具选择

厂照明用灯具应按环境条件、满足工作和生产条件来选择，并适当注意外形美观、安装方便和与建筑物的协调，以做到技术与经济都合理。

不同灯具适合不同的悬挂高度，白炽灯是2.5～12m，荧光灯是2～4m，荧光高压汞灯是5～18m，卤钨灯是6～24m。

例如灯具悬挂在4m以下的车间、非生产性建筑物、办公楼和宿舍等宜采用荧光灯，它光效高、寿命长、光色好、眩光少，一次投资虽大，但日常用电省，短期就可补偿；在较高生产厂房，宜采用荧光高压汞灯或卤钨灯，它单位功率大、光效高、投资省、维修量少。

四、工厂照明线路的敷设方式

厂房照明支线一般采用绝缘导线沿（或跨）屋架用绝缘子（或瓷柱）明敷的方式。当大跨度厂房屋面结构采用网架型式时，除上述方式外，还可采用绝缘导线或电缆穿钢管沿网架敷设。爆炸和火灾危险性厂房的照明线路一般采用铜芯绝缘导线穿水煤气钢管明敷。在受化学性（酸、碱、盐雾）腐蚀物质影响的地方可采用穿硬塑料管敷设。根据具体情况，在有些场所也可采用线槽或专用照明母线吊装敷设。

五、服装车间照明设计实例

在服装厂生产车间中，车间较小，自然采光好，照明设计可采用传统的荧光灯，也有用节能灯均匀布置（图8-4）；目前大部分的服装厂采用日光灯桥架（图8-5），桥架布置在生产线的上方，距离楼面1.8～2.2m，桥架里面是照明和动力线路，下面是日光灯，这样既美观又便于铺设，设备移动也比较方便。

图8-4 节能灯均匀布置

图8-5 日光灯桥架

第三节 给水与排水

一、给水

服装厂的给水系统包括生产用水给水系统、生活用水给水系统和消防用水给水系统。三种给水系统，可以单独设置，也可以不单独设置，而是根据水质、水压及室外给水系统的具体情况，组成共用的给水系统。

服装厂生产用水较少（有印染、洗水工序的服装厂除外），一般都采用市政生活用水给水系统；有印染、洗水工序的服装厂生产用水量较大，给水水源的选择，应根据水资源勘察资料和总体规划的要求，优先选用自备水源。自备水源必须满足如下要求：

（1）水资源应丰富可靠，满足生产、生活和消防的用水量要求。

（2）符合卫生要求的地下水，应优先作为生活饮用水的水源。生活饮用水水源的卫生防护，应符合国家现行的《生活饮用水卫生标准》的规定。

（3）应优先选用水质不需净化处理，或只需简易净化处理的水源。

（4）有条件时，可与农业、水利、邻近城镇和工业企业协作，综合利用水资源。

（5）水源工程及其配套设施应安全、经济、便于施工、管理和维护。

二、排水

排水工程设计应结合当地规划，综合设计生活污水、工业废水、洪水和雨水的排除。生产污水、生活污水宜采用合流制排水，雨水宜单独排除。对不可回收的生产废水（循环冷却水的溢流水、排污水），可排入雨水或生活污水排水系统。

服装厂各处污水排入排水管网之前，需要预先处理的情况有：

（1）建筑物有粪便污水排出，宜分散或集中设置化粪池。

（2）锅炉房排出大于40℃的废水应有降温设施。

（3）洗水车间、印染车间的工业废水排放及污水处理程度，应符合国家现行的《污水综合排放标准》的规定及当地的有关规定，并取得地区环保主管部门的同意。

第四节　锅炉与蒸汽管道

锅炉可以为服装厂的熨烫车间提供蒸汽，还可以为食堂、澡堂、宿舍采暖提供蒸汽和热水。小型的服装厂使用小型的电锅炉，用于满足车间生产；大型的服装厂可以使用燃气、煤锅炉，满足生产与生活需要。

一、锅炉房位置选择原则

在新厂设计中必须考虑锅炉的选择与锅炉房及管道的布置。锅炉容量应根据工厂生产、采暖及生活所需的热负荷经计算确定。锅炉房位置的选择，应综合考虑下列要求：

（1）靠近热负荷比较集中的地区，但要符合安全防护要求。

（2）使厂区管道的布置在技术和经济上合理，以减少管道热损失。

（3）便于燃料的储运和灰渣的排除。

（4）避免烟尘和有害气体对周围环境的影响。

（5）有较好的朝向，并有利于自然通风和采光。

二、车间蒸汽管道铺设

服装生产车间需要铺设蒸汽管道，提供整烫需要的蒸汽（图8-6）。管道铺设需要注意：

1. 蒸汽管道口径应适中

口径选择越大，蒸汽流速越低，管网费用增加，散热损失和冷凝水相应增多；口径选择偏小，蒸汽流速过高，易造成高压降、用汽点压力不足或蒸汽量不够，且易产生管道冲击和水锤现象。

目前中小型服装企业一般从锅炉房分汽包输入口开始选用的蒸汽管道口径最小为40mm，最大为50mm，室外蒸汽管道多选用Φ45mm×3.5mm或Φ57mm×3.5mm无缝钢管为输送主道，室内蒸汽管道多选用Φ32mm×3mm无缝钢管，室内蒸汽疏水装置主配管多选用Φ38mm×3.5mm无缝钢管。

2. 蒸汽管道设计要有坡度

蒸汽管道设计最佳的坡度为10‰，以加快管道内水的流动。目前工厂实际建设时，管道坡度倾向与蒸汽流动方向相同时，一般采用3‰坡度；坡道倾向与蒸汽流动方向相反时，一般采用5‰坡度。

3. 安装相关配件

要缓解水锤现象、防止管道破裂，建议每隔30～50m安装一个疏水旁通装置，同时在管道向上拔高时在底部安装疏水阀。还可增设汽水分离器，减少蒸汽的损耗。

图8-6　服装厂蒸汽管道铺设

本章小结

■服装厂公用工程的主要内容包括供配电、照明、给水排水、锅炉与蒸汽管道等部分。这些部分内容涉及许多专业的知识，需要各个专业的人员参与设计。服装厂生产有自己的特点，需要了解其特点，配合各公用工程各专业的人员共同设计。

思考题

1. 服装厂的公用工程有哪些内容，公用工程设计与工艺设计有何关系？
2. 服装厂的照明有哪些特点，公用工程设计时要注意哪些方面？

参考文献

[1] 刘国联. 服装厂技术管理 [M]. 北京：中国纺织出版社，1999.

[2] 许树文. 服装厂设计（第二版）[M]. 北京：中国纺织出版社，2008.

[3] 吴卫国. 服装厂设计 [M]. 上海：东华大学出版社，2008.

[4] 哈尔滨建筑工程学院. 工业建筑设计原理[M]. 北京：中国建筑工业出版社，1996.

[5] 杨以雄. 服装生产管理[M]. 上海：东华大学出版社，2006.

[6] 姜蕾. 服装生产工艺与设备[M]. 2版. 北京：中国纺织出版社，2008.

附录

附录 1　GB 50016—2006《建筑设计防火规范》生产的火灾危险性分类

生产的火灾危险性应根据生产中使用或产生的物质性质及其数量等因素，分为甲、乙、丙、丁、戊类，并应符合附表1的规定。

附表1　生产的火灾危险性分类

生产类别	火灾危险性特征	
	项目	使用或产生下列物质的生产
甲	1	闪点小于 28℃ 的液体
	2	爆炸下限小于 10% 的气体
	3	常温下能自行分解或在空气中氧化能导致迅速自燃或爆炸的物质
	4	常温下受到水或空气中水蒸气的作用，能产生可燃气体并引起燃烧或爆炸的物质
	5	遇酸、受热、撞击、摩擦、催化以及遇有机物或硫黄等易燃的无机物，极易引起燃烧或爆炸的强氧化剂
	6	受撞击、摩擦或与氧化剂、有机物接触时能引起燃烧或爆炸的物质
	7	在密闭设备内操作温度大于等于物质本身自燃点的生产
乙	1	闪点大于等于 28℃，但小于 60℃ 的液体
	2	爆炸下限大于等于 10% 的气体
	3	不属于甲类的氧化剂
	4	不属于甲类的化学易燃危险固体
	5	助燃气体
	6	能与空气形成爆炸性混合物的浮游状态的粉尘、纤维、闪点大于等于 60℃ 的液体雾滴
丙	1	闪点大于等于 60℃ 的液体
	2	可燃固体
丁	1	对不燃烧物质进行加工，并在高温或熔化状态下经常产生强辐射热、火花或火焰的生产
	2	利用气体、液体、固体作为燃料或将气体、液体进行燃烧作其他用的各种生产
	3	常温下使用或加工难燃烧物质的生产
戊		常温下使用或加工不燃烧物质的生产

附录2　GB 50016—2006《建筑设计防火规范》厂房的防火间距

附表2　厂房之间及其与乙、丙、丁、戊类仓库、民用建筑等之间的防火间距　　单位：m

名称			甲类厂房	单层、多层乙类厂房（仓库）	单层、多层丙、丁、戊类厂房（仓库） 耐火等级			高层厂房（仓库）	民用建筑 耐火等级		
					一、二级	三级	四级		一、二级	三级	四级
甲类厂房			12.0	12.0	12.0	14.0	16.0	13.0	25.0		
单层、多层乙类厂房			12.0	10.0	10.0	12.0	14.0	13.0	25.0		
单层、多层丙、丁类厂房	耐火等级	一、二级	12.0	10.0	10.0	12.0	14.0	13.0	10.0	12.0	14.0
		三级	14.0	12.0	12.0	14.0	16.0	15.0	12.0	14.0	16.0
		四级	16.0	14.0	14.0	16.0	17.0	14.0	14.0	16.0	18.0
单层、多层戊类厂房		一、二级	12.0	10.0	10.0	12.0	14.0	13.0	6.0	7.0	9.0
		三级	14.0	12.0	12.0	14.0	16.0	13.0	7.0	8.0	10.0
		四级	16.0	14.0	14.0	16.0	18.0	17.0	9.0	10.0	12.0
高层厂房			13.0	13.0	13.0	15.0	17.0	13.0	13.0	15.0	17.0
室外变、配电站变压器总油量（t）		≥5，≤10	25.0	25.0	12.0	15.0	20.0	12.0	15.0	20.0	25.0
		>10，≤50			15.0	20.0	25.0	15.0	20.0	25.0	30.0
		>50			20.0	25.0	30.0	20.0	25.0	30.0	35.0

　　注：1. 建筑之间的防火间距应按相邻建筑外墙的最近距离计算，如外墙有凸出的燃烧构件，应从其凸出部分外缘算起。

　　2. 乙类厂房与重要公共建筑之间的防火间距不宜小于50.0m。单层、多层戊类厂房之间及其与戊类仓库之间的防火间距，可按本表的规定减少2.0m。为丙、丁、戊类厂房服务而单独设立的生活用房应按民用建筑确定，与所属厂房之间的防火间距不应小于6.0m。必须相邻建造时，应符合本表注3、4的规定。

　　3. 两座厂房相邻较高一面的外墙为防火墙时，其防火间距不限，但甲类厂房之间不应小于4.0m。两座丙、丁、戊类厂房相邻两面的外墙均为不燃烧体，当无外露的燃烧体屋檐，每面外墙上的门窗洞口面积之和各小于等于该外墙面积的5%，且门窗洞口不正对开设时，其防火间距可按本表的规定减少25%。

　　4. 两座一、二级耐火等级的厂房，当相邻较低一面外墙为防火墙且较低一座厂房的屋顶耐火极限不低于1.00h，或相邻较高一面外墙的门窗等开口部位设置甲级防火门窗或防火分隔水幕或按本规范第7.5.3条的规定设置防火卷帘时，甲、乙类厂房之间的防火间距不应小于6.0m；丙、丁、戊类厂房之间的防火间距不应小于4.0m。

　　5. 变压器与建筑之间的防火间距应从距建筑最近的变压器外壁算起。发电厂内的主变压器，其油量可按单台确定。

　　6. 耐火等级低于四级的原有厂房，其耐火等级应按四级确定。

附录 3　GB 18083—2000《以噪声污染为主的工业企业卫生防护距离标准》
以噪声污染为主的工业企业卫生防护距离标准值

卫生防护距离为产生有害因素的部门（车间或工段）的边界至居住区边界的最小距离。

附表3　以噪声污染为主的工业企业卫生防护距离标准值

序号	行业	企业名称	规模	声源强度 dB（A）	卫生防护距离 m	备注
1	纺织					含五万锭以下的中、小型工厂，以及车间、空调机房的外墙与外门、窗具有 20dB（A）以上隔声量的大、中型棉纺厂；不设织布车间的棉纺厂
1—1		棉纺织厂	≥5 万锭	100～105	100	
1—2		棉纺织厂	≥5 万锭	90～95	50	
1—3		织布厂		96～105	100	
1—4		毛巾厂		95～100	100	车间及空调机房外墙与外门、窗具有 20dB（A）以上隔声量时，可缩小 50m 车间及空调机房外墙与外门、窗具有 20dB（A）以上隔声量时，可缩小 50m
2	机械			100～105	100	
2—1		制钉厂		95～105	100	
2—2		标准件厂		95～110	200	
2—3	机械	专用汽车改装厂	中型	100～112	200	
2—4		拖拉机厂	中型	100～118	300	
2—5		汽轮机厂	中型	95～105	100	
2—6		机床制造厂		95～100	100	小机床生产企业
2—7		钢丝绳厂	中型	100～120	300	
2—8		铁路机车车辆厂	大型	100～118	300	
2—9		风机厂		95～110	200	
2—10		锻造厂	中型 小型	90～100	100	不装汽锤或只用 0.5t 以下汽锤
2—11		轧钢厂	中型	95～110	300	不设炼钢车间的轧钢厂
3	轻工					
3—1		印刷厂		85～90	50	
3—2		大、中型面粉厂（多层厂房）		90～105	200	当设计为全密封空调厂房、围护结构及门、窗具有 20dB（A）以上隔声效果时，可降为 100m
		小型（单层厂房）		85～100	100	
3—3		木器厂	中型	90～100	100	
3—4		型煤加工厂		80～90	50	不设原煤及粘土粉碎作业的型煤加工厂设有原煤和粘土等添加剂的综合型煤加工厂
3—5		型煤加工厂		80～100	200	

中国国际贸易促进委员会纺织行业分会

中国国际贸易促进委员会纺织行业分会成立于 1988 年,成立以来,致力于促进中国和世界各国(地区)纺织服装业的贸易往来和经济技术合作,立足为纺织行业服务,为企业服务,以我们高质量的工作促进纺织行业的不断发展。

📌 简况

📢 **每年举办(或参与)约 20 个国际展览会**
涵盖纺织服装完整产业链,在中国北京、上海和美国、欧洲、俄罗斯、东南亚、日本等地举办
📢 **广泛的国际联络网**
与全球近百家纺织服装界的协会和贸易商会保持联络
📢 **业内外会员单位 2000 多家**
涵盖纺织服装全行业,以外向型企业为主
📢 **纺织贸促网 www. ccpittex. com**
中英文,内容专业、全面,与几十家业内外网络链接
📢 **《纺织贸促》月刊**
已创刊十八年,内容以经贸信息、协助企业开拓市场为主线
📢 **中国纺织法律服务网 www. cntextilelaw. com**
专业、高质量的服务

📌 业务项目概览

📢 中国国际纺织机械展览会暨 ITMA 亚洲展览会(每两年一届)
📢 中国国际纺织面料及辅料博览会(每年分春夏、秋冬两届,分别在北京、上海举办)
📢 中国国际家用纺织品及辅料博览会(每年分春夏、秋冬两届,均在上海举办)
📢 中国国际服装服饰博览会(每年举办一届)
📢 中国国际产业用纺织品及非织造布展览会(每两年一届,逢双数年举办)
📢 中国国际纺织纱线展览会(每年分春夏、秋冬两届,分别在北京、上海举办)
📢 中国国际针织博览会(每年举办一届)
📢 深圳国际纺织面料及辅料博览会(每年举办一届)
📢 美国 TEXWORLD 服装面料展(TEXWORLD USA)暨中国纺织品服装贸易展览会(面料)(每年 7 月在美国纽约举办)
📢 纽约国际服装采购展(APP)暨中国纺织品服装贸易展览会(服装)(每年 7 月在美国纽约举办)
📢 纽约国际家纺展(HTFSE)暨中国纺织品服装贸易展览会(家纺)(每年 7 月在美国纽约举办)
📢 中国纺织品服装贸易展览会(巴黎)(每年 9 月在巴黎举办)
📢 组织中国服装企业到美国、日本、欧洲及亚洲等其他地区参加各种展览会
📢 组织纺织服装行业的各种国际会议、研讨会
📢 纺织服装业国际贸易和投资环境研究、信息咨询服务
📢 纺织服装业法律服务

更多相关信息请点击**纺织贸促网** www. ccpittex. com